图解日新月异的科技

XIAN JIN WU QI LIANG JIAN 尹丽华◎编著

先进武器亮剑

吉林出版集团股份有限公司|全国百佳图书出版单位

前言
PREFACE

科技人才的培养，基础在于教育。谁掌握了面向未来的教育，谁就能在未来的国际竞争中处于战略主动地位。青少年是祖国的未来，科学的希望，担当着科技兴国的历史重任。因此，把科技教育作为一项重要的内容，从小学抓起，为培养未来的人才打下坚实基础是势在必行。

图解科技内容，进行科学普及，对培养广大读者学习科学方法，树立科学思想和科学精神，从而成为具有创造精神的、应未来社会发展的建设人才打下基础具有十分重要的意义。

在新的世纪，科学技术日益渗透于经济发展和社会生活的各个领域，成为推动现代社会发展的最活跃因素，并且是现代社会进步的决定性力量。发达国家经济的增长点、现代化的战争、通讯传媒事业的日益发达，处处都体现出高科技的威力，同时也迅速地改变着人们的传统观念，使得人们对于科学知识充满了强烈渴求。

对迅猛发展的高新科学技术知识的普及，不仅可以使广大读者了解当今科技发展的现状，而且可以使我们树立崇高的理想：学好科学知识，为人类文明作出自己应有的贡献。

为此，我们特别编辑了这套丛书，主要包括人体医疗、前

沿武器、古代文明、科技历史等内容，知识全面、内容精练、图文并茂，形象生动，通俗易懂，能够培养我们的科学兴趣和爱好，达到普及科学知识的目的，具有很强的可读性、启发性和知识性，是我们广大读者了解科技、增长知识、开阔视野、提高素质、激发探索和启迪智慧的良好科普读物。

目录
CONTENTS

手枪的家族

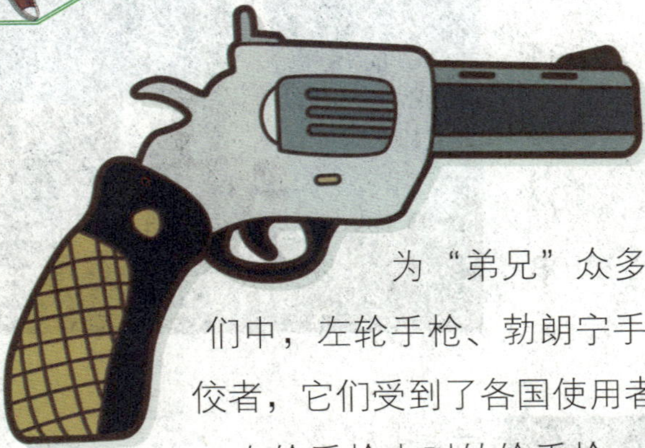

手枪经过漫长的演变过程，已经发展成为“弟兄”众多的大家庭。在这些弟兄们中，左轮手枪、勃朗宁手枪和毛瑟手枪等属于佼佼者，它们受到了各国使用者的青睐和赞誉。

左轮手枪也叫转轮手枪，它在非自动手枪中最为著名。它的口径为12.7毫米，枪管和转轮均为铜制的。它的转轮一般有5至6个弹巢，也有多达10个弹巢的，子弹安装在弹巢中，可以逐发射击。

人们认为转轮手枪是美国人塞缪尔·柯尔特于1835年发明的，

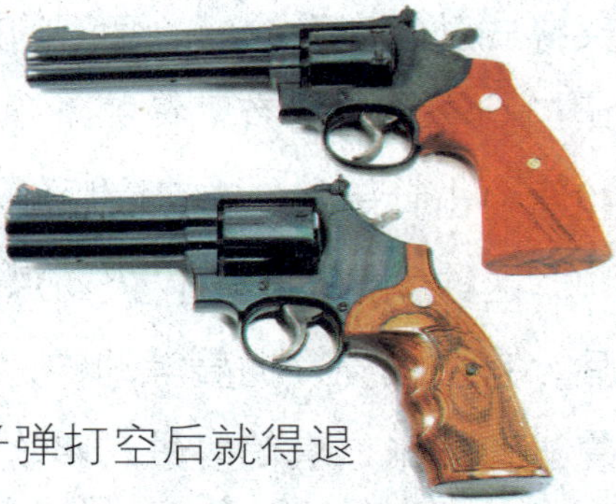

这种转轮手枪为火帽击发式，使用口径10.16毫米的纸弹壳锥形弹头，与现代转轮手枪相差无几，为此，不少史书将柯尔特称为“转轮手枪之父”。

转轮手枪是手工装填弹药，子弹打空后就得退壳或重新装填。有三种方法将转轮推出框架，最常用的是转轮摆出式，也就是将转轮甩向左侧。由于左轮手枪结构简单，操作灵活，很快受到各国官兵的喜爱，19世纪中期以后，这种枪风靡全球，许多军官都以拥有一支左轮手枪而自豪。有的国家还把左轮手枪作为装备陆军的近距离自卫武器。

勃朗宁手枪是自动手枪的典型代表。它是美国人勃朗宁设计的，种类较多，有军用手枪、警用手枪和袖珍手枪。勃朗宁手枪具有多种口径，其中具有代表性的是7.65毫米自动手枪。

这种手枪由枪管、套筒、握把和弹匣组成，发射7.65毫米半

突缘式勃朗宁手枪弹。套筒的前端设有准星，后端有“V”形缺口照门。套筒前部有平行的上下两孔，上孔容纳复进簧，下孔容纳枪管，击针等部件在套筒后部。

这种手枪击发后，火药燃气推动弹头向前，同时也推套筒向后，完成抽壳、抛壳等动作，并压缩复进簧。套筒后坐到位后，复进簧伸张，套筒复进，将次发弹推入弹膛，击针尾端则被击发阻铁所阻停止前进，手枪呈待击状态。

另外，勃朗宁于1925年在美国设计了一种9毫米大威力手枪，是当时世界上广泛使用的手枪之一。它的自动方式为自由枪机式，发射机构带有控制联杆，用于防止早发，弹匣容弹量为7发。手枪发射勃朗宁设计的9毫米勃朗宁手枪长弹。

毛瑟手枪，又称盒子炮，也称驳壳枪。由于其枪套是一个

木盒，在我国称为匣子枪；如果配备20发弹夹则被称为大肚匣子，其枪身宽大，因此又被称为大镜面。

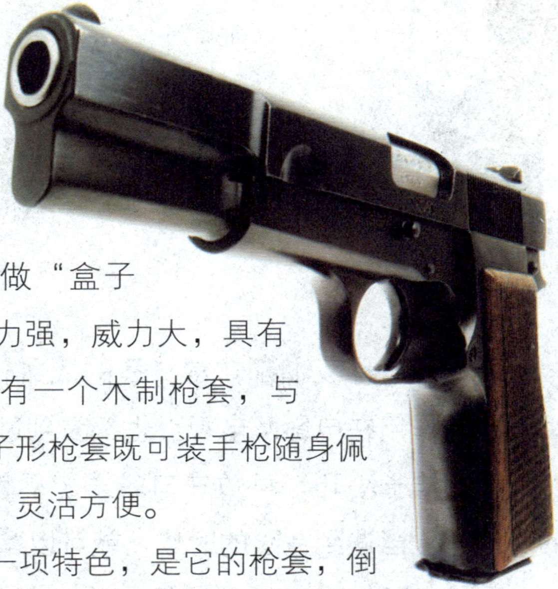

毛瑟手枪之所以叫做“盒子炮”，一是因为它的火力强，威力大，具有炮的特征；二是由于它有一个木制枪套，与盒子类似，而且这种盒子形枪套既可装手枪随身佩带，又能作为枪托使用，灵活方便。

盒子炮非常有趣的一项特色，是它的枪套，倒装在握柄后，立即转变为一支冲锋枪，成为肩射武器。

拓展阅读

马卡洛夫9毫米自动手枪，实际上是一种采用枪机自由后坐的半自动手枪。这种枪的特点是重量轻，只有0.663千克，外形尺寸小，根据需要既可单发射击，也能连发，适合作战和自卫使用。

最佳的防身武器

手枪是一种我们都非常熟悉的武器，手枪的外形与玩具手枪相似，其作用在电影及电视上也都看到过。

手枪样子小巧，可放在口袋里、提包里，以及那些不太显眼的小地方。当遇到危险的时候，就可以拿出枪来，保护自己。

手枪在50米内，具有较好的杀伤力，它是近距离作战和自卫用的小型武器。所以说，它是防身的最佳武器。

手枪按其用途可以归纳为自卫手枪、战斗手枪和特种手枪。自卫手枪与其他枪械比，有以下几种优点。

一、质量小，体积小，装满枪弹手枪的总质量：军用手枪一

般在1000克左右，警用手枪在800克左右，便于随身携带。

二、枪管较短，口径多在7.62至11.43毫米之间，也有采用小口径的，但大多采用9毫米口径，适合于杀伤近距离内的有生目标。

三、弹匣供弹，自动手枪弹匣容量大，多为6至12发，有的可达20发；左轮手枪则容弹量小，一般为5至6发。

四、多采用半自动射击，但也有少数手枪，如冲锋手枪采用全自动射击方式。半自动射击时的射速为每分30至40发，而采用全自动射击方式的射速高达每分120发。

五、结构简单，操作方便，易于大批量生产，成本低。

手枪的不足之处是有效射程近，一般为50米左右，冲锋手枪的有效射程远些，但也不超过150米。

第二次世界大战中，温斯顿·丘吉尔任英国骑兵中尉时，曾用毛瑟冲锋手枪在喊杀声四起的重围中杀出一条生路来。由此可见，毛瑟冲锋手枪可谓是防身的好手枪！然而，冲锋手枪也存在着众多的弱点，它的质量较大，连发时射击不够准确，火力比不上冲锋枪，因此，冲锋手枪没有广泛采用。

手枪由于短小轻便，携带安全，能突然开火，一直被世界各国军队和警察，主要是指挥员、特种兵以及执法人员等大量使用。

随着技术的进步，手枪已经发展成为种类繁多的现代手枪家族，并且性能和威力都有大幅度提高。

因此，手枪的作用和地位得到进一步加强。现代手枪变换保险、枪弹上膛、更换弹匣比较方便，它的结构也较紧凑，自动方

式更为简单。

9毫米口径自动手枪，因其后坐力小、射击稳定、弹着密集、弹匣容量大，目前为世界各国广泛使用。

拓展阅读

手枪的最早雏形是我国的手铳。手铳是一种小型的铜制火铳，使用时，先从铳口填入火药、引线，然后塞装一些细铁丸，射手单手持铳，另一手点燃引线，从铳口射铁丸和火焰杀伤敌人。

无声手枪的装置

无声手枪别名微声手枪或消声手枪，是一种射击噪声极其微弱的手枪，是侦察兵和特工人员使用的特种手枪。

无声手枪采用枪口消音器以及其他一些特殊技术措施，消减其射击噪声，可以隐蔽射击，可用于执行特殊任务。

无声手枪在射击时并不是一点声音也没有，只不过声音很小，如果用无声手枪在室内射击，室外听不到声音。在一定距离

上，白天看不见火焰，夜晚看不到火光。

一般常见的微声类的枪有微声手枪、微声冲锋枪，而微声步枪则是其中很少见的一种。

由于枪械射出的噪声过大，不仅会暴露射手，而且还会伤害士兵的听觉器官，影响士兵情绪，甚至削弱士兵的战斗力。为了避免这类状况出现，就要求对枪械的射击噪声进行处理，使噪声降至最低。

消声器是安装在鼓风机和空压机的气流通道上或进、排气系统中的降低噪声的装置。消声器能够阻挡声波的传播，允许气流

通过，是控制噪声的有效工具。

当枪膛内的高温、高压火药燃气喷出枪口时，会突然膨胀并与大气混合在一起，形成剧烈的摩擦和空气波，而后使周围空气发生强烈的振动，并产生巨大的枪口噪声。这就需要在枪口安装消声器，并配合消声器在枪弹中采用速燃的发射药，使得枪口的压力降低，噪声减小。有一些枪常采用增加枪机的自由行程，并且使用半自动装置，以加大自动枪械的质量，就会造成开锁提前，这时枪膛的压力会比较高，形成更大的噪声。人们为了消减膛尾的噪声，就会延迟枪械的开锁。

弹头从枪膛射出时，它的速度是非常快的，并能在空气中形成摩擦和冲激波，产生飞行过程中的噪声。

每当弹头的速度接近并超过音速时，这种飞行的噪声就特别的明显。此时，就需要控制弹头的初速，使其不超过音速，这样一

来，弹头飞行时的噪声也就消减了不少。但是这种办法却不适合用于步枪和机枪。

无声枪的总体结构与普通枪械的总体结构大致是相同的。自带枪口消声器是微声枪最明显的特征。

无声枪的消声作用，是能把射击噪音由原来的150分贝至170分贝降低到60分贝至90分贝，它甚至还可以使处在嘈杂环境中的人们，听不到几米外的枪声。由于无声枪加大了枪的尺寸，重量也加重了不少，因此影响了武器的射击精度，不适用于大威力枪械等。由此可知微声枪的使用范围仍然很有限。

拓展阅读

消声器的种类很多，根据消声的机理不同，又可以把它们分为6种主要的类型，即阻性消声器、抗性消声器、阻抗复合式消声器、微穿孔板消声器、小孔消声器和有源消声器。

反装甲步枪的作用

反装甲步枪主要针对有轮式和履带式轻型装甲车。

反装甲步枪的一个重要特点是口径达15毫米至20毫米。不仅能够击打300米以内的坦克和装甲车辆，也可射击800米至1000米以内的土木工事和火力点等目标。

反装甲步枪的另一个特点是它发射的不是普通穿甲弹，而是

穿透力强的尾翼稳定脱壳穿甲弹。这种枪弹的弹芯直径比较小，但很长，由硬度很高的钨合金制成。它与箭形弹一样，用塑料弹托卡住弹芯，并一起装入弹壳。枪弹被发射出去后，弹托在枪口不远处脱落，弹芯便以很高的速度飞向目标，从而将目标的装甲击穿。

反装甲步枪的后坐力比较大。为了减小射击时产生的后坐力，在枪上装置了枪口制退器，并在枪的尾部装了缓冲装置。

反装甲步枪的枪身较长，携带和使用不方便。为了缩短枪长，采用了无托结构。

另外，在枪上装有两脚架，可使枪射击时稳定不抖动，以保证打得准。因此，反装甲步枪已成为目前对付轻型装甲目标的有力武器。

反装甲步枪曾在第一次世界大战反坦克中被广泛使用。当时的英国首先使用了第一批装甲战车，德军为了能够对抗装甲车，研制出了第一把反装甲枪，它的口径达13.2毫米，这把大口径步枪可以击穿新型战车的装甲，并且能够使装甲车停下来。

反装甲枪最初使用的是反向弹头，这种方式下仍使用和一般步枪相同的弹药和弹头，只是弹头是反着装入弹壳内，并增加装药量，历来逐渐采用特制的穿甲弹头。例如，德军的“K子弹”，它也能由一般步枪发射。“K子弹”有着增量的推进药，并使用铁芯弹头，在与装甲表面垂直射入的情况下，有很大的概率能贯穿战车8毫米厚的装甲，而在100米距离射击的情况下，最多能击穿12至13毫米厚的装甲。

随着科学技术的不断发展，反装甲枪也不断地改进和更新，越来越多的产品出现。由捷格加廖夫设计的反装甲枪，结构简单，制造成本低廉，采用螺旋式枪机，凸起闭锁，手动装填，自

动抛壳，便于大量生产。在战争中的总产量超过了40万支，堪称世界上产量最高的反装甲枪。

拓展阅读

反装甲枪是指射击装甲目标的专用枪械。旧称战防枪。用于装备步兵，打击300米以内的坦克和装甲车辆，也可用于射击800-1000米以内的土木工事和火力点。其外形似步枪，仅能单发射击。

卡宾枪的功能

卡宾枪，原意指骑兵步枪，又称马枪、骑枪。枪管长度介于冲锋枪与步枪之间，子弹初速略低，射程略近的轻便步枪，构造和普通步枪基本相同。

马枪顾名思义就是在骑马时所用的枪械。它是由古代的骑枪演化而来。那时的骑枪是在两米左右的长杆头上安装尖锐的金属锥体，硬木制的枪身在手的位置有护手，后部有配重的木锥，同

时，在马鞍上制出“枪托孔”以在冲锋时吸收刺杀的冲击力。

骑枪基本上是作为一次性武器使用。由于这种骑枪不能多次使用，在未来战争中的地位逐渐降低，以发射火药的马枪出现后，骑枪被淘汰，马枪逐渐成为骑士的有力武器。

其实，俄国在14世纪末制造的一种短小型火绳枪，已经具有滑膛卡宾枪的雏形。在许多的情况下，卡宾枪只是同型普通步枪的缩短型。原先卡宾枪主要是供骑兵和炮兵装备使用。

在第一次世界大战时期自动步枪出现，但因为其受弹药限制而发展成支援性的轻机枪，所以另行发展出一种以卡宾枪为原型，发射手枪专用弹的小型连发的冲锋枪。

第二次世界大战时期，半自动卡宾枪成为美军工兵及军官的主要武器，深受士兵欢迎。越战时卡宾枪更是特种部队、低阶军官军士的武器。

进入20世纪80年代后，由于突击步枪和冲锋枪的发展路线改变，全自动的卡宾枪用途更为广泛，是各国特种部队、工兵、车组人员甚至特警队的武器之一。大部分的卡宾枪与突击步枪口径相同，可以通过更换零件变换而成。卡宾枪实际上归类于步枪。与标准步枪它采用相同的结构，只是截短了枪管，是一种枪管较短，质量较轻的步枪，有人称它为短步枪。至于卡宾枪的枪管有多短，多数认为不超过558.8毫米。

总体而言，现在的卡宾枪是缩短版本的全自动突击步枪，以冲锋枪改造的半自动枪械也称为卡宾枪。现在的卡宾枪因为质量轻，携带方便，适应性强，火力猛烈等优势，其子弹和突击步枪一样，所以成为了非步兵战斗人员使用的主要武器，有些时候特种部队也使用。

拓展阅读

英国军队使用的坦克手新型卡宾枪短小精悍，枪管缩短了原枪长度的一半，配有20发弹匣，前握把取代了护木，使得枪更轻，更易于存放，并能在坦克内部的狭小空间内操作。

霰弹枪的杀伤力

霰弹枪旧称为猎枪或滑膛枪，目前被称为鸟枪。

霰弹枪的大口径可以用来发射各种非致命性弹药，包括鸟弹、木棍弹、豆袋弹、催泪弹等，并能产生极大的枪口动能。

霰弹枪也可发射初速极大的口径的高能量实心弹头，可用来破坏整道门、窗、木版或较薄的墙壁，使警员可以快速进入匪徒巢穴或劫持人质场所，因此成为特警队甚至特种部队重要的破门工具。

军用霰弹枪又称战斗霰弹枪，是一种近距离发射霰弹杀伤有生目标的单人滑膛武器。

在近距离上，主要以弹头体现霰弹枪的威力。霰弹枪能一次射出多发弹头，一般作战用的弹头每头有9至12个弹丸，每个弹丸的能量相当于普通的手枪子弹。

霰弹枪对人体的创伤力是非常大的，不同的弹药种类，其创作的效果也不太一样。

一个独头弹在人体造成的创伤是较大宽度和深度的“永久性受损组织空腔”，而多个小弹头造成的创伤要么是“贯穿伤”，要么是“浸润伤”。

贯穿伤的发生是由于发射时枪口离人体很近，弹头对人体和器官直接穿透。由于多个小弹头的发射面积比独头弹的截面大，因此多个小弹头造成的创伤比独头弹造成的创伤更加严重。

浸润伤的发生是由于发射时枪口距人体有一定距离，弹头进入人体时发生扩散，令多个组织，包括神经、血管、骨骼同时受创，这种伤害对人体的破坏往往比贯穿伤更大、作用更快。在极近距离时，连弹头底下的软塑料弹托也会造成伤害，甚至和弹头一起进入伤口。在7米以外的距离，弹托也会造成伤口或者皮肤淤青。

美国的一次袭警事件中，一名伊利诺伊州的警员，被歹徒用12号霰弹枪几乎被顶着颈部打了一枪，致使这名警员的颈部有一个0.05米大的伤口。

奇怪的是，这名警员竟然活了下来。原来，那一发弹药的软

塑料弹托同大口径霰弹打进了他的颈部，刚好把颈部大动脉的创伤口给堵住了，减少了流血。

拓展阅读

现代军用霰弹枪外形和内部结构非常类似于突击步枪，全枪基本由滑膛枪管、自动机、击发机、弹仓、瞄准装置以及枪托、握把等组成。按装填方式多属于半自动霰弹枪和自动霰弹枪，供弹方式有泵动弹仓式、转轮式、弹匣式三种。

积木式枪族的发明

积木式组合枪是美国工程师斯通纳于1963年发明的，所以也称斯通纳枪族。之所以称其为积木式组合枪，是由于这种枪类似于儿童智力玩具—积木。

斯通纳枪族是怎么发明的呢？它受到了什么启发呢？

有一天，斯通纳工程师到幼儿园接孩子，看到孩子们运用方块积木，有的堆积成高楼大厦，有的搭成大桥，有的组合成火车、汽车，他被这样的情景迷住了。

简单的积木块在孩子们的小手摆弄下，像玩魔术似的变换着花样，简直妙极了。从此，斯通纳对积木产生了浓厚的兴趣，，一有空就跟孩子一起玩积木，摆出各式各样造型，对其久久凝视。

斯通纳是爱动脑子的人，他经常在想，积木块虽然就那么几种简单形状，但却能搭积成式样繁多的器具，枪不也可以用一种基本部件为基础，换用不同枪管、枪托等部件，和搭积木一样，组成不同枪种吗？

如果这种办法可行，那该多好。

于是，他开始进行试验和研制，经过几个冬夏的艰苦努力，终于在1963年试制成了积木式枪，并以他的名字命名。

斯通纳枪族是一种典型的组合式枪族。它的口径为5.56毫米，以枪机、机匣、复进簧、发射机构等作为基本通用部件，换上不同的枪管、枪托、瞄准具等16种专用或部分共用的部件，就可组合成自动步枪、冲锋枪、弹匣供弹轻机枪、弹链供弹机枪、

车用机枪、带三脚架的中型机枪6种枪，其中以自动步枪和轻机枪为主。

1966年在美国一次武器展览会上，斯通纳枪族引起轰动，人们对这个新式枪拍手称绝。只见两个年轻人在表演，他们一下把自动步枪卸开，运用这些枪的零件，迅速地组成冲锋枪。把冲锋枪卸开，还是这些零件，又迅速地组装成机枪。接着又拆开，把轻机枪变成军用重机枪。同样这些枪的零件，不同的组成，可以变成6种不同的枪，运用同种的子弹。

斯通纳枪族的出

现，引起了世界各国军方的关注。因为它便于大批生产，成本低，有利枪支弹药的后勤供应；同时它操作方便，掌握一种枪，就能使用其他几种，也简化了训练，因此，世界各国都在争相研制。

拓展阅读

特种枪是非常规枪械，是用于暗杀、防卫和收藏的武器，主要被各国军事、安全、情报、警察部门和各种犯罪组织及个人所使用，由于其用途特殊，所以结构差异很大，特种枪仿真伪装物，具有隐蔽性好的特点。

冲锋枪的优缺点

德国人施迈塞尔在1918年设计的冲锋枪被认为是第一支真正意义上的冲锋枪。由意大利陆军上校列维里于1914年设计发明的维拉佩罗萨冲锋枪被认为世界上第一支冲锋枪。

20世纪40年代是冲锋枪发展的全盛时期，这个时期冲锋枪的

主要特点。

一是普遍采用冲压、焊接和铆接工艺，简化了结构，降低了成本。二是多数枪设有专门的保险机构，以改善安全性，如意大利的TZ冲锋枪不仅采用快慢机保险，还最早采用了握把保险。三是广泛采用折叠式或伸缩式枪托，以改善武器的便携性，如德国的MP38式是世界上第一支折叠式金属托冲锋枪。四是除了苏联采用7.62毫米手枪弹和美国采用11.43毫米手枪弹外，其他国家普遍采用9毫米帕拉贝鲁姆手枪弹，这种枪弹可与大多数手枪通用。

随着人们对冲锋枪的要求不断提高，它的性能也不断得到改善，结构也更加新颖、合理。以色列生产的乌齐冲锋枪为了增强安全性，采用了双保险或三重保险，为了减小枪自身的质量，发射机座、护木和握把等采用高强度塑料部件。

为了满足特种部队和保安部队在特殊环境下作战需要，发展出了短小轻便，而且可单手射击的轻型、微型冲锋枪。有的冲锋枪还装有可分离的消声器或与冲锋枪连接的消声器。

美国的卡利科系列冲锋枪充分应用螺旋式弹匣的设计特点，使全枪结构紧凑、平衡性好，弹匣的容弹增大。超轻型冲锋枪采用持久润滑设计，使武器不用涂油，更不用工具也能在战地快速拆卸和修理。

一些国家还先后研制了集手枪、冲锋枪和短管自动步枪三者性能于一身的个人自卫武器。这类武器均有结构紧凑、操作轻便、人机工程性能好和火力密集等特点。

冲锋枪也有一些不足的地方。它发射的枪弹威力比较小，有效射程也不太远，射击精度相对差一些。随着步、冲合一的突击步枪的出现，第二次

世界大战后，它的战术地位逐步下降。从其他国家的轻武器发展势头来看，除了微型、轻型、微声冲锋枪仍在使用以外，常规冲锋枪已经被小口径突击步枪所取代。

拓展阅读

微声冲锋枪采用外接式消音器，使该枪可在轻型、微声冲锋枪之间快速转换，以满足不同的作战需求。采用枪机惯性后坐自动原理，前冲击发方式，伸缩式枪托。还配装各种光学瞄准镜及战术灯，使该枪具有全天候的作战能力。

特种枪的用途

特种枪是非常规枪械，一般用于暗杀、防卫和收藏的武器，主要被各国军事、安全、情报、警察部门和各种犯罪组织及个人使用，也被各种武器收藏组织或个人所收集。

特种枪由于用途特殊，所以结构差异很大，具有隐蔽性好、善伪装等特点。下面介绍声波枪、电热枪、化学枪、毒伞枪等几种枪的结构和用途。

声波枪也称次声枪，是以次声波来进行杀伤和起破坏作用的一种武器。次声波是人耳听不见却能感觉到的低频振动。这种振动对人体的危害是很大的，轻者会使人头昏、呕吐和呼吸困难，

重则致人昏迷、瘫痪，甚至因内脏器官破裂而死亡。次声波还可以穿透建筑物、掩蔽工事，甚至坦克和潜艇，杀伤其内部的乘员。另外，次声波还可整夜地对目标进行干扰，让强烈的声波通过人的身体，使人彻夜难眠，连续的失眠会导致人无法完成工作任务。

电热枪就是一种用新能源发射枪弹的枪。它是由外部电源提供必要的能量，通过放电产生高温高压气体，以推动弹头前进。电热枪在枪和枪弹上装有高压电极，而在弹壳内装有液体，在扣动扳机的发射瞬间，以脉冲放电方式将液体转化为等离子气体，将弹头推入枪管内，使它高速旋转飞出枪口。

与目前的常规枪械相比，其突出的优点是初速快，这是火药枪械望尘莫及的。

化学枪由金属圆筒、保险装置和击发器等部分组成。金属圆筒与手电筒的外壳类似，重20多克。圆筒上带有不锈钢夹，以便将圆筒夹在手提包上或衣袋上，也可夹在汽车驾驶座前的遮阳板上。保险装置和击发器也设置在圆筒上。金属圆筒内呈有气溶胶状的液体。这种雾状液体对人体皮肤有很强的刺激性，并能溶解皮层脂肪，使神经末梢随即裸露在外面，使皮肤产生灼痛感。若毒液进入眼睛，使人流泪不止，并暂时失明。中毒20分钟后，人会感到呼吸紧促，继而处于不能自制的昏迷状态。如果及时用肥皂水清洗皮肤和用清水冲洗眼睛，中毒症状就会逐渐消失，而且不会产生后遗症。这种化学枪的喷射距离可达2米至3米。

化学枪主要用来防劫和自卫，由于中此枪者会昏迷而不至于死去，为警方的抓捕提供了方便。

毒伞枪的外形与普通雨伞相似，内部装有扳机、操纵索、释放扣、活塞式击锤、气瓶和枪管等装置，毒弹直径仅5毫米左右，

弹壳用铂铱合金制成，内盛剧毒的蓖麻油。发射时，击锤撞击气瓶放出气体，由气体将弹丸推出。弹头击中人体后，使人立即死亡，很少留下痕迹。

拓展阅读

声波枪发出的精细高能声波束能使恐怖分子晕头转向，丧失劫机能力，同时又不会对飞机和其他机上人员造成伤害，所以它能在航空安全领域大显身手。美国安全保卫部门正在试验把这种技术用于航空安全。

间谍枪的妙用

间谍枪是以单手发射的短枪，是供军官、特种兵、警察和执行特殊任务的间谍人员使用的小型枪械。手枪由于短小轻便，隐蔽性好，便于迅速开火，所以成为这些人的专用武器。

间谍枪的结构并不复杂，它是以气体的压力将有害物质推出的。发射时，扣动扳机，击锤被释放，并在弹簧力作用下撞击气瓶，气体以其突然增大的压力将有害物质从枪管中射出。

由于间谍枪大多采用小口径，多伪装成日常生活用具，因此，一般不易被发现。间谍枪有的还装有消音器，而成为微声或无声间谍枪，这样一来就更为隐蔽，令人防不胜防。

有一种伪装成公文箱的间谍枪。它是在扁平的普通公文箱中装置着一支枪管较短的来复枪，并带有消声筒。箱子的提手环就是击发控制机构。它通过一个传动杆与击发装置相连接。在箱子前面的皮革上开有小孔，子弹从这里射出。

烟盒枪与一包普通的香烟没有什么两样，揭开里面的锡纸后，便会露出一根6.35毫米口径的枪管。烟盒的侧面装有压杆式触发器，用手指一按，烟盒里面就会射出子弹来。

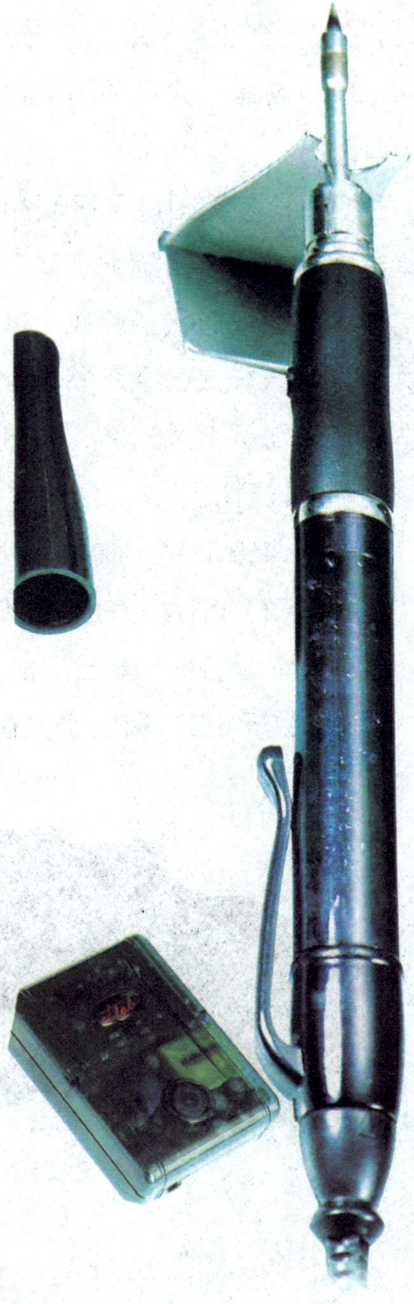

打火机手枪是仿照打火机外形而制作的暗杀武器，其外形与打火机的外形完全一致。打开打火机的上盖，便露出枪口和扳机，枪口也就是打火机的喷火口，而扳机就是打火键，弹头便从喷火口射出。

香烟手枪。英国最早研制和生产各种香烟手枪，枪尾由两个开尾销固定，内装箭状钢子弹、火帽，其后是弹簧加压撞针，这一切都卷成烟纸形状，后面用过滤嘴伪装，前面用一层燃烧的烟草伪装。就像一支已经点燃的香烟，可以非常自然地拿在手中，射击时，只需折下过滤嘴，拔出导线保险销，用手指按下发射按钮，钢子弹就射出了。

英美间谍曾使用一种伪装成豪华雪茄的22毫米单发间谍手枪，通过特殊的滑动按钮解脱保险，击发撞针，一枪致命。当然，这种豪华雪茄可不能当烟抽。

2000年10月5日，荷兰警方在一次追捕毒品嫌疑犯的行动中，

在其保密箱中发现了8支4发手机手枪。这种枪与手机一模一样，数字键下面是发射孔，按下数字发射键可一连发射4发子弹，杀伤力不小，近距离发射可致人死亡。

拓展阅读

伊朗前国王的轿车，在驾驶员旁边的座位底下，安装了一支散弹枪，枪口向上。如果坐在这个座椅上的人威胁驾驶员，司机按动电钮，就能立即击发。还有一些间谍用枪不采用常规枪弹，而是借助于电或者毒品来杀人。

两用机枪的得名

两用机枪也叫通用机枪。所谓两用，就是既当重机枪使用，又可当轻机枪使用，通用性较强。这种枪带有轻便的两脚架，将两脚架支起，就是一挺轻机枪。若将两脚架折起，整个枪身就可安放在重机枪枪架上，并使用大容量的弹链箱供弹，这时就成为火力凶猛的重机枪。

通用机枪口径为6毫米至8毫米。以轻机枪状态使用时，能杀

伤、压制800米内活动目标；以重机枪状态使用时，能杀伤、压制1千米内活动目标。通用机枪的供弹方式均为弹链式。枪身重量7千克至15千克，枪架重量5千克至20千克，机械式瞄准具。与原来重机枪相比，全枪重量减轻一半左右。

通用机枪也可以说始于20世纪30年代，当时的德国是最先使用MG34通用机枪装备部队。第一次世界大战后的德国是早先使用的通用机枪，第二次世界大战中使用的通用机枪主要是德国7.92毫米通用机枪。

MG34两用机枪是根据瑞士苏罗通机枪改进而成的具有射速高、火力强的特点。这种枪在高速射击更换枪管时更为方便，借助一种特殊机构，6分钟即可将枪管更换完毕。

第二次世界大战以后，通用机枪得到了飞速发展。20世纪50年代至70年代是通用机枪的盛行时期。例如1957年美国定型的通用机枪、1958年西德定型的MG3式、1961年苏联定型的通用机枪等，都是典型的通用机枪。

我国从1960年开始研制通用机枪，先后定型了67式7.62毫米轻重两用机枪、67-1式和67-2式7.62毫米重机枪等。

由于通用机枪在结构和性能上能适应多方面的需要，灵活变通，受到各国普遍重视，并得到较广泛的应用。目前，它在一定程度上可替代原有的连用轻机枪和重机枪，成为步兵连的主要支援火器。

一般情况下，通用机枪一直以轻机枪状态装备使用，枪架作为附件编配。我国一直以重机枪状态编配使用，只在极少数情况

下以轻机枪状态应急使用。

通用机枪具有轻机枪的射程、终点效能、射击精度、火力持续性。装在枪架上虽能作重机枪使用，但实施散布射击时，操作不便，射击精度因地面及射手不同而变化较大。

拓展阅读

PK系列通用机枪是卡拉斯尼柯夫于1950年设计的，1959年，先是少量装备苏军的机械化步兵连，1966年，苏军正式用PK代替RP-46连用机枪及SGM营属机枪，其后原华沙条约国家也相继装备PK系列。

榴弹机枪的产生

在1991年的海湾战争中，榴弹机枪崭露头角，在作战中发挥了重要作用。

榴弹机枪，又叫做自动榴弹发射器或榴弹发射器，是一种步兵近程支援武器。它是第二次世界大战后发展起来的一种大威力步兵武器。可以形象认为榴弹武器就是步枪与手榴弹相结合，是步枪与手榴弹的“儿子”。

最初的榴弹武器是套在步枪口上的，用空包弹发射，每次只能射一发，现在的榴弹发射器能连续发射。由于它的外形与基本结构与机枪类似，用弹链或弹鼓供弹，并采用与机枪相类似的瞄

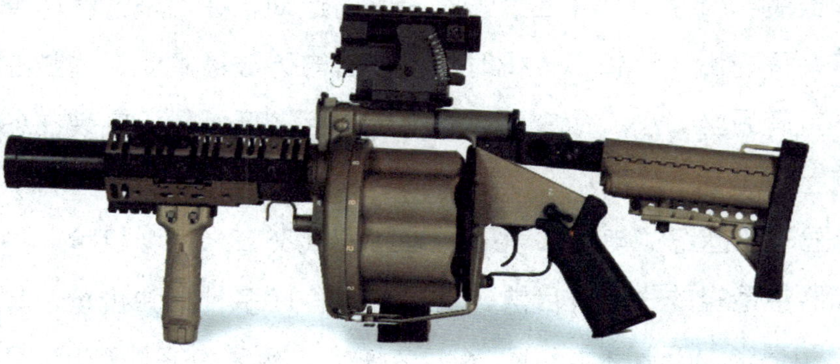

准具和枪架，因而人们把它叫做“榴弹机枪”，然而，榴弹机枪又与机枪有所不同：机枪发射出去的是子弹，而榴弹机枪发射出去的是榴弹。

人力携行使用的榴弹机枪多装两脚架或三脚架，有的还可离架手持发射。装在车辆、舰艇、直升机上的设有专用架座，一般采用弹链或弹鼓供弹。

1982年，美国海军陆战队正式装备榴弹机枪。这种机枪利用火药燃气而实现自动连续发射，较好的火力密度从而形成强烈的压制和杀伤效果。其通常采用弹鼓或弹链供弹，配属步兵时一般使用三脚架，也常见架设于各种战斗车辆和直升机以及内河巡逻艇上作为支援火器。

德国HK公司研制成的40毫米榴弹机枪还配有弹道计算机和全天候激光测距机，因此威力大增。这是一种用于近距离火力支援的轻型武器，可抵御轻型装甲车辆的进攻，杀伤有生目标。

这种枪全重35千克，初速为240米/秒。该发射器是一种双膛武器，采用弹鼓供弹、管退式原理和先进的底火点燃装置。发射管与弹鼓装在机匣上，并在射击时沿轴向运动，在后坐过程中弹鼓将待装弹托出，当扣下扳机时，发射管与弹鼓被解脱，弹鼓在复进。具有后坐力小、命中率高、弹药消耗量低、便于安装在各种车辆上的优点。

我国于20世纪80年代末期研制成1987式35毫米榴弹机枪。是同类武器中最轻的一种。目前，世界上约有10多种榴弹机枪，其口径有30毫米、35毫米和40毫米。这种枪的初速约每秒170米至240米。

榴弹机枪的重量非常轻，低于20千克，相当于一挺重机枪的重量，且每发榴弹都像一颗颗小炮弹，威力大，射中目标后爆炸成上百块小破片，大量杀伤人员。它也能穿透轻型装甲，打击敌

方车辆，还能发射烟幕弹、燃烧弹等其他弹药。由于弹药发射密集，能在2千米距离内有效地压制敌方火力点，协助己方进攻。

我国使用榴弹机枪的原因：不占编制，随时可以配发给部队；操作也比较简单，不需要专业训练；火力非常密集，能打得敌人抬不起头来。

拓展阅读

榴弹机枪的发展趋势是：减小系统质量，提高机动能力；改进总体布局，适应未来要求；提高威力，减小弹质量，精简配套；扩大应用范围，发展外延产品；利用新技术、探索新原理。

手提式激光机枪的特点

手提式激光机枪既具有一般机枪射速高、火力强和使用方便等特点，又装备有精确瞄准装置，所以对各种目标射击的命中率极高。手提式激光机枪的射速高，一秒内发射30发子弹，用来追击逃犯颇为适合。

手提式激光机枪的威力也相当大，能够将电线杆击倒，也能

击穿钢板，穿透墙壁，还能将车辆的防护装甲击穿。如果再给它配备上一具红外探测器，配合激光使用，就能在漆黑的夜间准确命中1千米以外的目标。

手提式激光机枪瞄准用的红色激光束又细又直，而且很亮，照在目标上非常醒目，激光束和枪管是平行的，只要将激光红色光点照在目标上，就能准确地击中目标，这样被射击的目标不是重伤就是死亡。

由于这种枪的尺寸小，重量轻，结构精巧，可以拆开放在公文包内携带，又能在需要时很快组装起来。还有一种手提式激光机枪，其固定藏在公文包的暗层里，用包的提手作为击发机，当遇到紧急情况时，按下击发机按钮，红色的激光束便透过包的外层照射在目标上，紧接着子弹便射向目标。

手提式激光机枪除了作为警备用枪外，还作为毒品调查人员随身携带的自卫武器。

激光枪是于1978年3月研制成功的，实际上是利用激光瞄准的激光枪。现在，人们又研制成功了能产生强激光束，在瞬间使目标烧蚀、熔化、雾化或汽化并产生震波，从而导致目标毁损的真正意义上的激光枪。

这种新型激光枪的激光器能将激光束高度集中，产生高温高压。根据激光武器所具有的能量，人们又将它们分为低能激光武器和高能激光武器。

现代激光枪主要属于低能激光武器，又称激光轻武器或者单兵激光武器。这种激光枪主要用于杀伤敌方的人员，也可用于破坏敌方红外测距仪、夜视仪和其他电子器材。它的样式与普通步枪相似，使用方法也差不多。

目前，美军研制的激光枪主要是一种非致命性的激光致盲枪，就是说这种枪一般不置敌于死地，而是以人眼为射击目标，

以激光束使敌人暂时失明。除美国外，俄罗斯、英国、法国也都研制出不同能量的激光武器，只是均处于试验、试用阶段。

拓展阅读

美军使用的激光致盲枪内装一个小型高效率的脉冲激光器，具有重量轻、体积小、成本低、携带方便等特点。用这种激光致盲枪在战场上扫射，可以使半径1.5千米范围内所有看到激光束的人员暂时性失明。

能飞起来的鱼雷

鱼雷的模样有点像鱼，而且能像鱼那样在水里自行前进，自动调整深度和方向，自动追踪目标。

鱼雷发明后发展很快，先后出现了蒸气瓦斯鱼雷、电动鱼雷、有“耳朵”的自导鱼雷等。

根据鱼雷的特点，人们将速度高、飞得远的火箭与灵巧的自

导鱼雷结合起来，取长补短，从而诞生了一种能在空中飞行的火箭助飞鱼雷。火箭助飞鱼雷就是鱼雷装有火箭助推器，其在空中飞行的航速可达音速，主要装备在驱逐舰和护卫舰上，也有的装在潜艇上，用来对付敌方潜艇。

当从水面舰艇上发射火箭助飞鱼雷时，先点燃助飞火箭，鱼雷便在空中高速飞行。当飞行到一定距离时，火箭助推器便和鱼雷分开，这时鱼雷靠惯性继续前进。

鱼雷到达目标上空一定高度时，张开降落伞，以减慢入水速度。鱼雷入水时，降落伞在水的冲击下与鱼雷脱离，这时鱼雷在本身发动机的推动下向前航行，并自动搜索和追踪敌方舰艇。

由于这种鱼雷家族的“异类”速度快、射程远，因而备受美

俄两国的青睐。

美国在20世纪90年代针对先进高速深潜潜艇研制出“海长矛”火箭助推鱼雷，它可从潜艇鱼雷发射管内发射，也可由水面舰艇垂直发射装置发射，射程可达110千米至160千米。

火箭助飞鱼雷按火箭助推器类型可分为弹道式和飞航式两种。弹道式火箭助飞鱼雷的特点是：体积小、重量轻、便于采用多联装发射方式；结构简单、可靠、实用；发射后无需跟踪和修正其弹道，使用方便。

飞航式火箭助飞鱼雷，外形很像飞机。鱼雷装在飞行器的下部并用两根挂带箍住。采用全程无线电指令制导，利用低空空气动力效应保持在亚音速飞行，这样容易达到较高的命中精度。由于要有足够的稳定翼保持低空低速飞行，所以导弹尺寸、体积、重量要比弹道式火箭助飞鱼雷大得多，但是这类导弹在提高发动

机功率和采用折叠式弹翼后，就可以缩小装箱体积，尽可能满足多联装要求。俄罗斯、澳大利亚和法国均采用飞航式火箭助飞鱼雷体制。

由此可以看出，两类火箭助飞鱼雷都有各自优势，它们的综合性能均在不断提高，所以它们会长期并存于反潜兵力的行列。

拓展阅读

和鱼一样，鱼雷有一个尖圆形脑袋，叫做雷头，里面装着炸药。鱼雷的身子是两头细，中间圆鼓鼓的，叫做雷身，而那外形类似鱼尾鱼的雷尾上，装着舵和螺旋桨。水雷长期埋伏在水下，能像导弹一样，追踪水下潜艇并将其击毁。

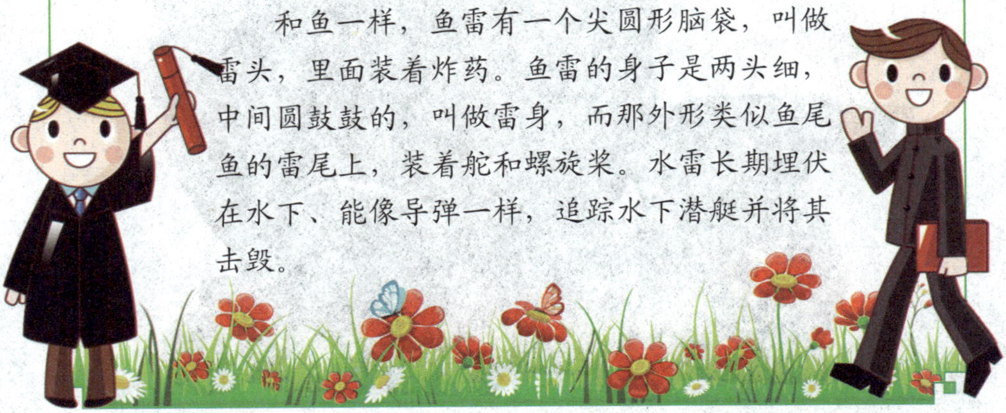

“水中伏兵”水雷

水雷是一种布设在水中的爆炸性武器，它可由舰船的碰撞或由水压的作用而起爆，在进攻中可以封锁敌方港口或航道，限制敌方舰艇的行动。在防御中则可以保护本方航道和舰艇，为其开辟安全区，因此，水雷被人们称为“水中伏兵”。

最早的水雷是触发水雷，其头上伸出几个触角，是一种“刺

猬”式的能漂浮的球形炸弹，无论舰船触碰到它的哪个触角，都会发生爆炸。

随后研发的磁性水雷，不是悬浮在某一深度的水中，而是沉在海底，因而扫雷器扫不到它。当敌舰经过水雷上方时，在磁场的作用下，就可以引爆水雷。在海底爆炸时，所产生的巨大压力能将较远地方的敌舰炸毁。

问世较晚的音响水雷，其尾部装有一个“耳朵”，即音波接收器，又称它为“长耳朵水雷”。它的这只“耳朵”能将舰船发动机和螺旋桨发出的声波接收后变成电信号，用以操纵水雷上的仪器，接通电路，使水雷爆炸。

有一种叫做“蚝雷”的水雷，它是利用水的压力变化来引爆的。在蚝雷上部有一个压力传感器，当舰船通过它的上方时，它就会感受到水压降低的信号，并随即接通爆炸电路，引爆水雷。

还有一种叫做“自动上浮水雷”的水雷，其外形像火箭，里面装有计算机和超声波发生器，当舰船经过它的上方时，超声波发生器产生的超声波被反射回来。计算机根据反射回波算出目标的距离后，水雷上的发动机被启动，水雷上浮，将敌方舰船击毁。如果没发现或失去了目标，鱼雷可重新进行搜索，继续攻击目标。当水雷服役期满又不能回收时，雷上的声控装置就会自动失效，或令鱼雷自行销毁，以防止敌方捞走或妨碍己方舰艇行动。

“风暴”遥控水雷是鱼雷和水雷的结合体。它可以像一般水雷那样长期布放在水下，又可以在近岸防御中像鱼雷那样阻挡和摧毁敌人的水面舰艇，实际上是一个装有水雷战斗部的遥控水下航行体。

“石鱼”水雷，是典型的具有预编程序、微机控制、多路传感器的现代沉底雷。雷载计算机可控制雷上传感器对目标进行探测和评估，使用声、磁和压力传感器进行联合操作，还可利用有线遥控、声遥控和计算机软件程序来控制水雷的一切功能，包括选择目标的接近点引爆。这种水雷可由飞机、水面舰船和潜艇布放，主要用来打击水面舰艇和潜艇。

拓展阅读

在朝鲜战争、越南战争、两伊战争以及1991年的海湾战争中，水雷都发挥了重要作用。

水雷的作用是通过爆炸线路完成的，这个线路一般由电源和电雷管组成，只要线路接通就会爆炸。

能发射电视的大炮

大炮也能发射电视，这种电视名叫炮射电视，学名叫侦察炮弹。最早的炮射电视出现在美国，夜间还可交替发射照明弹照明目标，从而实现了无须前沿观察员的全天候战场侦察和定位。

炮射电视是一种新式武器，由电视摄像机、镜头、电池、无线电发射机和天线等组成，先装在一个圆柱状的箱子里，再把箱子装进炮弹壳里，然后用大炮发射出去。

发射用的炮弹，一般借用原来的照明炮弹改装，去掉照明部分，保留弹壳、降落伞、消旋装置和开伞结构，整个重量不过35千克。

发射炮射电视，就像发射出一个小小的电视发射台。它先是带着减速伞与弹壳分离，然后抛掉圆箱一样的外筒和减速伞，张开主降落伞，用每秒5米的速度缓缓下降。这时，它开始工作，就像电视台的实况转播，把地面上长宽各两三百米的一片地方的情况拍摄下来，同时把图像发射回来。坐在接收站里，在荧光屏幕上观察敌方的阵地、地形地貌、坦克大炮等，像在看电视一样清清楚楚。

用155毫米口径的大炮，可以把侦察炮弹打到20千米远的地方。如果改用更大射程的火炮发射，自然还可以打得更远。

炮射电视是在什么情况下发展来的?

炮兵作战时需要对远距离目标进行周密侦查，火炮射击时需要及时了解炮弹命中目标的误差，以便不断进行修正。许多国家都是依靠侦查员或是侦察车占领有利地形进行目标侦察或射击校正。但是在硝烟弥漫的战场上，侦查员往往看不清10多千米外的敌人的情况，也无法判断炮弹爆炸的确切位置。

利用侦察机、直升机或无人驾驶飞机从空中进行侦查，可以显著改善观察效果，但是这些飞行器容易受气象因素的影响和敌人防空火力的威胁。为了提高目标侦查能力，一些国家开始研究利用火炮发射炮弹到敌方上空进行侦察。

随着微电子技术的迅速发展，美国和其他一些国家已经

制造出体积很小的微型电视摄像机，用火炮发射出去的同时电视摄像机也不会被损坏。

拓展阅读

2001年7月，由解放军炮兵学院教授钱立志主持的系列信息化弹药研究，取得多项关键技术新突破。在东北某试验基地进行动态试验。炮弹在预定空域顺利分解，弹出了挂着侦察设备的降落伞的同时地面接收屏也出现了清晰的画面。

现代火箭炮的威力

现代火箭炮采用履带式运载车，射程可达30千米以上，是目前世界上射程最远、威力最大的一种火箭炮。

现代火箭炮的每组发射管既是发射定向器，又是火箭弹的包装容器。使用时，用输弹车将包装好的火箭弹运送到发射场地，并用发射箱上的双臂式起重机将发射管组连同火箭弹直接吊装到

发射箱内，随时准备发射。

用这种装弹方法，一个人操作，只需5分钟就可将12发火箭弹全部装完。它具有装弹迅速、操作简便、射弹散布小，节省人力等优点。

现代火箭炮之所以威力大，是因为在火箭弹上配有多种子母弹战斗部。例如，配有双用途子母弹战斗部的火箭弹，不仅能击穿坦克的薄装甲和顶装甲，而且杀伤面积相当大，仅火箭炮12管一次齐射，就可抛出约8千个子弹，其覆盖面积达4个足球场那样大，而火力相当于28门203毫米榴弹炮各发射一发炮弹的火力总和。

在海湾战争中，共有大约200辆M270火箭炮被投入战场，一共发射了9.6千发火箭弹，这些火箭弹对伊拉克的地面目标射出约

600万枚M77双用途子弹药。美英军队因为这种火箭炮在全连齐射的时候，一次能覆盖并摧毁标准军用地图1.6千米方格上的所有物体，而亲切地称之为“方格终结者”。

随着我军现代化建设步伐的迈进，自行改进形成了带俄国血统、有中国特色的300毫米系列远程火箭炮。这就是PHL-03式300毫米火箭炮。火箭弹采用先进的一次抛撒的破甲、杀伤双用途子母弹战斗部，开壳、抛壳、抛撒子弹一次完成。它有12根发射管，子弹约有500发，子弹的动破甲厚度约50毫米，有效杀伤半径约7米，子弹散布半径约100米至140米。

战车在占据发射位置、得到目标指示后，它的地形定位、火箭弹轨迹定位、发射仰角确认就会自动完成，齐射时间只需38

秒，战斗班组紧急撤出发射阵地的时间为一分钟。也因众多新技术的采用使火箭弹在射程、命中精度、杀伤威力方面达到了世界先进水平。

拓展阅读

我国的A-100火箭炮使用的是制导火箭弹，它有几种弹药类型，其中一种子母弹可有效杀伤敌方有生力量和轻装甲目标，另外一种高能爆破弹可自动瞄准，破甲能力为70毫米，能校正飞行轨迹，提高了射击精度。

神奇的激光炮

激光炮的神奇就在于，用它射击导弹时就像用手电筒照射物体那样，光到弹毁，简直快极了，而且操作简便。

激光的能量集中，其亮度比太阳光高出100亿倍以上。如果将激光聚焦到炭块上，就会在半秒钟内将炭块加热到9千度以上。若把激光聚焦到钢片上，随即就会出现耀眼的白光，并在钢片上烧出孔洞。

激光炮的突出特点：一是在射击飞机、导弹、坦克等活动目标时，不需要考虑提前量，指哪打哪，使目标无法逃脱；二是激光炮发射没有一般火炮那样大的后坐力，也不会发生令射手生畏的膛炸；三是能及时变换方向捕捉目标。

激光炮的威力特别大，称得上是“炮中王”。它能在一秒钟内发射1千发“光弹”，光弹就是威力无比的“强光束”。

激光炮靠远警雷达测定敌方导弹或飞机飞行的方位、距离、高度、速度等，经过电子计算机迅速处理后，准确无误地命中目标。如果敌方同时发射多个真假导弹，激光炮有本事在短时间内把所有来犯的导弹全都摧毁。激光炮可以用于战场打击多种常见目标。

美国为检验激光武器打导弹的效果，曾于1978年用战术激光炮成功地击落一枚“陶”式反坦克导弹。1979年又用海军建造的中红外化学激光器成功地将一枚“大力神”洲际导弹的助推器击毁。

美国空军在1999年采购一架新波音747飞机，把头部改装成炮塔，巨型化学激光器就放置在炮塔上，用以击落处在飞行初段的弹道导弹。

随着战术激光武器发展方面取得的进步，此种武器系统的应用在各军种中不断升温，继陆军和空军之后，海军也加入了开发此种武器的行列。美国海军正在研究为其水面舰艇甚至潜艇装备的高能激光武器。

太空激光炮是高能激光武器与航天器相结合的产物。当这种激光器沿着

空间轨道游弋时，一旦发现对方目标，即刻投入战斗。不仅能摧毁对方的军用卫星，还能将对方的洲际导弹摧毁在上升阶段。

拓展阅读

据资料显示，美国可能恢复太空军用激光器方面的研究，将向太空轨道发射4千颗卫星，每颗都载有拦截弹道导弹的激光炮。这样，太空上美国激光炮的总数至少达到4千门。

未来的迫击炮

未来的迫击炮，特别是射程较远的大口径自行迫击炮，将配用一些先进的技术装置，如侦校雷达、微型计算机和大容量、带数据传输装置的计算机等。

在提高迫击炮的快速反应能力的同时，还应大力增强它的机

动能力，使迫击炮在未来战场上具有与坦克、装甲车一样的灵活机动性，以充分发挥它的火力威力。为此，美国将研制的采用炮塔结构的120毫米迫击炮安装在装甲车的底盘上，既可提高安全防护性，又可使迫击炮具有快速的机动能力。

除了瑞典和芬兰研制的120毫米AMOS系统为双管外，各国开发的多为单管炮塔型迫击炮。双管炮虽然能够提供更强大的火力，但整个系统的重量和复杂程度大为增加。

未来迫击炮还将配用各种新型弹药，因此，各国一方面在改进现有的传统弹药，另一方面又积极研制各种新弹药。此外，美国陆军还计划为迫击炮研制能使敌方武器装备中的激光传感器失效的迷盲弹药和反装甲弹药等。

随着现代作战方式对支援火力的全新要求和新型精确弹药的使用，新型自行迫击炮也开始配备完善的电子火控系统，以提高其火力的精度和效率。

新发展的迫击炮多数采用线膛炮管，并从炮尾装填炮弹。加长炮身的长度，炮弹的初速和射程增加，既可发射常规迫击炮弹，又可发射榴弹。可提供间瞄压制火力又可提供直瞄反装甲火力。

美国陆军目前正在试验“迫击炮射击控制”火控系统，这种包含有昼夜观察装置、激光测距仪、数字通信装置及精密定位设备的系统使对目标测距和定位的精准程度比以前有了极大的提高，并且大幅度地缩短了进入战斗的时间。

类似“迫击炮射击控制”这样的迫击炮火控系统还可以和前进观察员或空中的无人机联网，从而获得更广泛的战场信息，更快速地完成不同火力打击任务。

可以预见，最新一代自行迫击炮将装备先进的、计算机化的昼夜射击控制系统及车载导航系统，从而使其快速、灵活的支援能力得到更充分地发挥。

拓展阅读

美国陆军的“未来战斗系统”将装备一种名为“非视距瞄准火力”的自行迫击炮。这个系统依靠由多个传感器所组成的网络来判别威胁的方位，并且在这种威胁带来麻烦之前对其进行快速打击。

自行火炮与牵引式火炮

所有类型的牵引式火炮都有了相应的自行火炮，随着核武器的出现，自行火炮在现代战争的作用越来越重要了，这是因为自行火炮具有三防能力，即防毒剂、防生物细菌和防核辐射能力，并能迅速投入或撤出战斗。

在现代战争中，坦克在向前推进时，若遇到敌人强有力地拦阻而没有炮兵的火力支援，就很难完成战斗任务。在这种情况

下，自行火炮就体现出其明显的优越性。

自行火炮有良好越野性能，进出阵地快，可以有效地协同坦克和机械化部队作战，同时能以自身的强大的火力击毁敌坦克、而且多数有装甲防护，战场生存力强，有些还可浮渡。另外，自行高射炮还能用来对付敌机的低空攻击，并能有效地保护坦克和机械化部队。

自行高炮在卡斯特地貌或者其他较复杂地貌情况下，依然可以像坦克、装甲车一样进行开进，同时由于它良好的机动性，可以在开进中提供防空。

在自行高炮中，首屈一指的当属德国的“猎豹”自行高炮。不仅它的生产数量和装备数量最大，而且将高炮的火力、火力指挥控制、电源供给这三大块综合到一起，并开创了“三位一体”自行高炮的新时代。

“猎豹”自行高炮采用两门瑞士厄利孔公司的35毫米机关

炮。这种机关炮射速高、威力大、可靠性高。还配备了先进的火控系统，包括：搜索雷达、跟踪雷达、火控计算机、光学瞄准具、红外跟踪装置、激光测距仪等。这两种脉冲多普勒雷达成了“猎豹”的“千里眼”和“顺风耳”，能获得较精确的目标距离和径向速度数据。

我国的95式25毫米自行高炮采用了弹炮合一系统，25毫米机关炮负责距离2.5千米以内和高度2千米以下的直升机和战斗机，也可以用于攻击地面轻型装甲战斗车辆，导弹主要用来对付远距离目标。炮塔前方装有光电控制设备，搜索反应时间为6秒，性能远高于雷达。

自行火炮与牵引式火炮相比，还有一个突出的优点，就是可大大缩短行军与战斗的转换时间，可随时投入激烈的战斗。一门

203毫米牵引式榴弹炮从行军状态转到战斗状态，约需要半小时至几个小时，而自行火炮却快得出奇，前后仅需要一分钟。

拓展阅读

几乎所有牵引式火炮都研制了自行式火炮的派生型。由于现代自行火炮具有机动性和防护性好、装有自动装弹机、射速快等特点，所以在许多发达国家军队里，它有逐渐取代牵引式火炮的趋势。

电磁炮的优势

电磁炮与一般火炮不同，它不用火药，更重要的是，它能以极快地速度将弹丸射向目标，既不产生后坐力，命中率又高。实际上，电磁炮无论在作用原理或是结构上，都比一般火炮简单，操作使用安全方便。

电磁炮有两条10多米长的铜导轨，而炮弹却很小，只有5分硬币那样大。炮弹装在两条铜导轨之间，发射时，给两条

导轨接上电源，一按发射电钮，线路接通。这时，弹丸在强电磁力作用下，就像流星似地从导轨上飞射出去。

电磁炮两条导轨之间用一滑块连接，当电流流过滑块上的金属箔片时，箔片气化为等离子体，在强磁场中受到加速力的作用，放在滑块前的弹丸就会被高速发射出去。

早在19世纪，科学家就已发现了电磁力，后来，许多国家做了相关的研究，但没有取得进展，直至20世纪70年代，与电磁发射有关的技术才取得了重大进展。

2010年12月12日，美国研发的强力武器电磁轨道炮向成功又迈进一步。海军在试射中，将电磁炮以音速5倍的极速，击向200千米外目标，射程为海军常规武器的10倍，而且破坏力惊人。美军希望在8年内进行海上实测，并于2025年前正式配备于军舰上。由此可见，电磁炮可能会成为未来的新式武器，从而代替火药火炮。由于电磁发射的脉冲动力约为火炮发射力的10倍，所以用它发射的弹丸速度很高。速度对于天基反导弹系统来说尤为重要，因为拦截器的速度越高，拦截的效率也就越高，还可大大减少天基武器的数量。

电磁炮弹丸在炮管中受到的推力是电磁力，这种力量是非常均匀的，因电磁推力容易控制，可以提高命中精度，可根据目标性质和射程大小，快速调节电磁力的大小，从而控制弹丸的发射能量。

电磁炮在发射时不产生火焰和烟雾，也不产生冲击波，所以作战中比较隐蔽，不易被敌人发现，而且它采用低级燃料作为能源，而不是常规火药，这有利于发射阵地的安全。

电磁炮是未来发展趋势，因此，世界各国都在投入大量的人力、物力对电磁炮进行研究，希望在不久的将来从实验室走向战场，成为与火药火炮相竞争的大威力武器。

拓展阅读

美国西屋公司研制的实验电磁炮，是最早出世的电磁炮的代表，它采用方形炮管，炮身长约10米，重3吨，能使弹丸飞行速度达到每秒3千米。我国在20世纪80年代至90年代初，也研制成了实验用的电磁炮。

激光制导炮弹

激光制导就是利用激光获得制导信息或传输制导指令使导弹按一定规律飞向目标的制导方法。它是受激光制导炸弹的启示而研制成的，犹如长上了眼睛，能准确地击中目标。

激光末制导炮弹就是在炮弹前部加装激光导引头，炮弹发射后能在弹道飞行末段实施导引、控制的炮弹。由制导部、战斗部

和稳定部组成，主要用于远距离毁伤坦克、车辆、舰艇等目标，具有射程远、命中精度高、威力大、使用方便等特点。

激光制导炮弹全套武器系统由火炮、制导炮弹和激光指示器等组成。激光制导炮弹用155毫米榴弹炮发射，射程为4千米至20千米，其弹着点的散布仅0.3米至1米。而同口径的普通榴弹的弹着点散布，却达14米至18米。它的这种特长，最适合用来射击远处的坦克、装甲车辆等活动目标。

火炮可以在遮蔽物后发射，攻击坦克顶甲，射击位置不易被发现。6.4千克聚能炸药，配以触发引信，可以击穿现役坦克的顶装甲。

激光末制导炮弹发射后，弹道前段与普通炮弹一样靠惯性飞行，在弹道末段则转入导引飞行，在激光指示器的作用下，炮弹前部的导引头接收从目标反射回的激光信号，导引炮弹准确飞向攻击的目标，具有很高的命中率。

“铜斑蛇”激光制导炮弹打得准的秘密，就在于它有着和导弹一样的激光制导装置。这种制导炮弹和普通炮弹不同，它由导引头、电子装置，聚能装药和控制部分组成。

制导炮弹上的导引头也叫做寻的器。它能自动追踪目标，所以它实际上就是装在炮弹上的“眼睛”。通常，在战场前沿阵地上设置有目标照射器，或由遥控无人驾驶飞机在空中照射目标。

当制导炮弹由榴弹炮发射以后快接近目标时，即在炮弹飞行末端，由目标照射器发出的激光束照射在目标上，经目标反射，又被炮弹上的导引头捕获。这样，制导炮弹就会沿着激光束的路径飞行，直向目标冲去，准确地将目标击毁。现代战争对火炮的要求越来越高，不仅要打的远，还要打的快、打得准。要实现这

些目标，除了火炮和弹药的因素外，更重要的是侦察兵看得更远、更快、更准和炮兵指挥网络的反应更敏捷。

拓展阅读

美军通常采取将激光照射器装载于无人机或直升机上，用于照射远距离目标，弹丸射出后同时发射激光束。在一次战斗中，就摧毁伊军12个目标，命中率为90%。战后，美军评价它“相当于一辆坦克”。

云爆弹的功能

云爆弹里面装的不是普通的固体炸药，而是一种易燃、易爆而且沸点又很低的液体。这种液体很容易挥发到空气中，与空气形成一种遇火就发生爆炸的云雾，实际上是一种液体炸药，因此，这种炸弹的学名叫做“燃料空气炸药炸弹”，又因为它是呈云雾状发生爆炸的，所以也称作“云爆弹”。

在海湾战争中，一队英国侦察兵在伊拉克与科威特边境巡逻时，恰逢美军空投一枚重型云爆弹攻击地面目标。英军士兵在第一时间向指挥部报告的内容为：发现某战区遭核弹攻击。这是云爆弹爆炸时给军人留下的深刻印象。

云爆弹爆炸后产生的云雾，比重比空气大，所以，能像水一样向低处流动。用它来破坏地下工事、导弹发射井等敌方的军事设施是最合适的。

云爆弹爆炸时，能产生像台风一样猛烈的冲击波，比普通炸药产生的冲击波大很多，而且作用的时间长，所以它破坏建筑物的力量就很大，像掀起一股巨大的气浪一样，因此又有人把云爆弹叫做“气浪炸弹”。

由于云爆弹是利用空气中的氧作氧化剂进行爆炸和燃烧的，因此它爆炸后，在爆炸点周围地区将会发生长达三四分钟的暂时

性的缺氧现象。这样，受到袭击的人由于呼吸不到空气中的氧气，感到憋气难受，往往会抓破喉咙挣扎，最后窒息而死。于是，人们以叫它“窒息弹”。

更引人注目的是，云爆弹在现代战争中还能用于拦截敌方的洲际弹道导弹。因为用它可在敌方导弹经过的路途上设置一道道巨大的云雾屏障，将敌方导弹摧毁于空中。

云爆弹与同等重量的炸弹相比，威力可提高3倍以上，特殊配方的云爆弹威力可比常规等质量炸弹威力提高达8倍。

云爆弹的出现，改变了战争对抗双方主要用弹头、用弹片杀伤敌方的作战方式。弹头弹片要与肉体发生接触才能奏效，云爆弹却能将躲藏在掩体坑道洞穴中的有生力量击毙。在车臣战争中，俄罗斯军队就用云爆弹消灭躲藏在山洞中的敌人。

美国是最早研制云爆弹的国家。而最先研制云爆弹的目的却不是作为武器使用，是为了在越南的丛林中快速开辟直升机降落场。

我国也引进了云爆弹技术，1996年开始进行研制，2000年定型生产并装备部队。

拓展阅读

这种单兵云爆弹不占用部队编制，如士兵携带的手榴弹一样，它的包装箱就是发射筒，连瞄具都是塑料制品，开箱即用，用后即丢。试验表明，单兵云爆弹对目标的摧毁力大于榴弹炮弹。

贫铀穿甲弹的威力

在海湾战争中，美军和英军的坦克和飞机向伊军发射了贫铀炮弹，其残片迄今仍在散发着化学毒气和射线。有关的核物理专家认为，在今后20年至30年中，伊拉克将有数十万人受到贫铀弹的影响，有些人甚至会因此而丧生。

20世纪60年代初，美国就用贫铀合金制成了穿甲弹，实际上是穿甲弹芯。贫铀虽然不会像核弹那样产生爆炸，但它有微弱的放射性，对人的影响是长期的，特别是作为武器弹药在战场上使

用后，碎片分布范围广，而且放射性是听、摸、看、感觉不到的，人们长期接触，身体将会受到一定损害。

贫铀穿甲弹是靠射击后获得的动能来击穿坦克的防护装甲的。弹芯在侵袭装甲的过程中，由于高速碰撞，温度可达900度。作为弹芯的贫铀合金在空气中燃烧的温度较低，约为400度。在弹芯穿透装甲后，弹芯碎片就自行燃烧，在车内形成较大的杀伤破坏作用，即杀伤乘员和破坏坦克内部设备。更为严重的是，贫铀燃烧时会形成淡黄色烟雾状的氧化钠尘埃，这些尘埃状的氧化铀扩散开来，将周围环境造成放射性污染。实际上，它的危害并不亚于原子弹爆炸后的放射性污染，只不过每发穿甲弹的污染区域较小而已。一旦人员将污染的空气吸入体内，还会造成放射性尘埃在体内照射，形成内杀伤。同时，它所产生的放射性污染也给敌人造成生理和心理上的损伤，进一步削弱敌人的有生

力量。

1975年以来，美国已经生产和装备贫铀弹药，广泛用于摧毁坚固工事、机场跑道和坦克、装甲车辆。以美国为首的多国部队在伊拉克和巴尔干等地大量使用了贫铀弹，对当地居民和环境造成严重危害，世界各国对贫铀弹深恶痛绝，但美军方还顽固坚持继续使用贫铀弹，其原因有三。

第一，看中这种弹药的杀伤威力；第二，利用这种特殊武器将战争伤害永久留给对手，令其在短时间内无法恢复元气；第三，也是为了减少处理废铀的费用，而又可以把这些废料以最直接的方式处理掉而不留在美国本土。

英、法、德、瑞士、俄等一些国家也在研制贫铀穿甲弹，有的已装备部队使用。

拓展阅读

穿甲弹用于毁伤坦克、自行火炮、装甲车辆、舰艇等装甲目标以及飞机、直升机、汽车、火箭炮、导弹运输或发射车、指挥车、通信车、雷达等非装甲金属结构技术兵器。也可用于破坏坚固防御工事。

有“大脑”的敏感弹

近年来，反坦克武器家族中出现了一位新成员，它既有导弹锐利的“眼睛”和机敏的“大脑”，能够“观察”和“思考”，能自动探测、识别和跟踪目标，又具有炮弹使用方便、造价便宜、“打了就不用管”的优点，因而被人们称为“敏感弹”。

敏感弹的“眼睛”就是装在弹上的毫米波敏感器。这种很敏锐的眼睛能接收各种景物辐射或反射的毫米波，并根据目标和背景所辐射或反射的毫米波差异来识别目标，就像人的眼睛一样。

敏感弹的“大脑”是像火柴盒那样大小的微型计算机，也称为中央控制器，负责驱动控制、电源管理、数据采集、信号处理和火力决策等一系列重要工作，因此，也被称为有“智慧”的大脑，当敏感器侦测到目标时，“大脑”便及时传出进行攻击的指令。

敏感弹还有一个特殊部位--爆炸成型弹丸战斗部。战斗部爆炸后，药型罩被压垮变形，形成了一个短粗而密实的穿甲弹丸，其速度可达每秒2千米左右。

战斗部被抛射出去后可穿透较厚的坦克装甲，同时其穿透装甲后能崩落大量碎片，以杀伤人员、破坏装备，有良好的作战性能。

敏感弹是一种能击穿较薄装甲的“自锻成型弹丸”。它的药型罩呈球面形或碟形，当爆炸时，金属药型罩被压塌、翻转并拉伸成类似于羽毛球形的实心弹丸，以每秒2.5千米左右的高速飞向目标，可击穿坦克的顶装甲。

敏感弹还能够在弹道末段探测出目标的存在、并使战斗部朝着目标方向爆炸，它主要用于自主攻击装甲车辆的顶装甲，在21世纪信息化战场上具有作战距离远、命中概率高、毁伤效果好、效费比高和发射后不管等优点。

敏感弹药不是导弹，不能持续跟踪目标并主动地控制和改变弹道向目标飞行，因此其结构比导弹和末制导弹都要简单，经济性非常突出，而且可以像常规炮弹一样使用，其后勤保障和作战

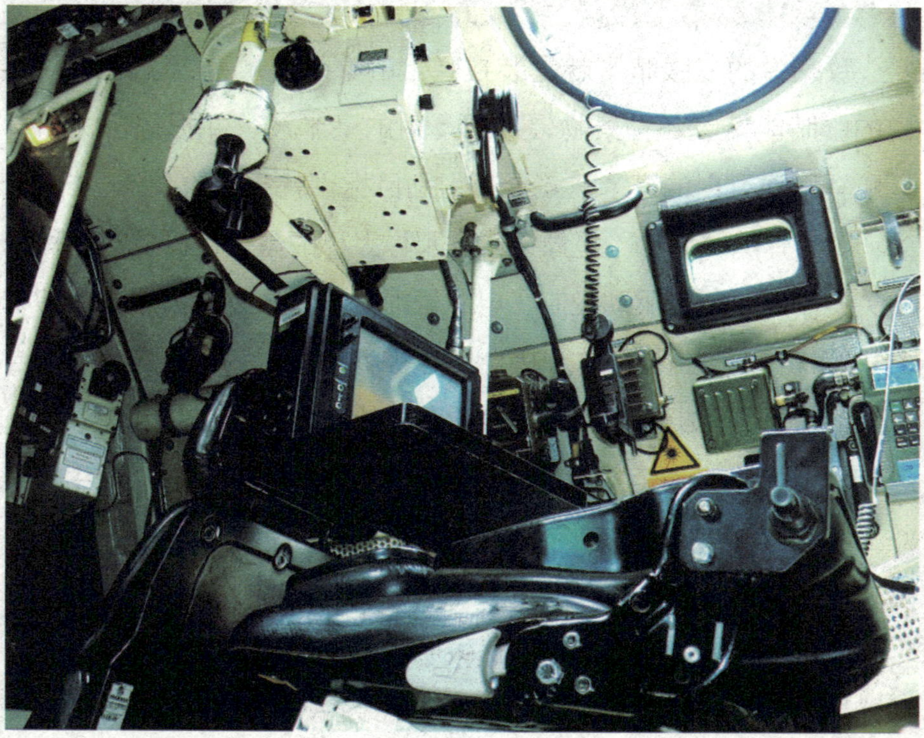

使用都很简单。

敏感弹药通常由制式火炮平台发射，敏感弹药经无控弹道飞到目标上空后，延时引信也就发挥作用，自动启动抛射装置，并依次抛出子弹。

拓展阅读

近年来，我国研制成世界一流的火箭敏弹武器，同时又取得炮射敏感弹关键技术的重大突破和跨越。目前，我国陆军已装备制导炮弹，而且还用作反坦克子母弹，提高战机反坦克的效率。

导弹的种类

导弹是导向性飞弹的简称，是一种依靠制导系统来控制飞行轨迹的可以指定攻击目标，甚至追踪目标动向的无人驾驶武器。

导弹的任务是打击目标附近引爆并毁伤目标，或在没有战斗部的情况下依靠自身动能直接撞击目标，以达到毁伤效果。也就是说，导弹是依靠自身动力装置推进，由制导系统导引、控制其

飞行路线，并导向目标的武器。

现在，由于导弹的发展迅速，种类繁多，以至出现了不同的划分方式。

从作战意图分，有战略导弹、战役导弹、战术导弹。

从飞行的方式分，有巡航导弹、弹道导弹。

从攻击的兵器目标分，有反坦克导弹、反舰导弹、反潜导弹、反弹道导弹、拦截导弹、反卫星导弹、反雷达导弹等。

从射程分，1000千米以内的叫近程导弹，1000千米以上，3000千米以内的叫中程导弹，3000千米以上，8000千米以内的叫远程导弹，射程在8000千米以上的叫洲际导弹。

从发射点和目标关系位置分，有地对地导弹、

地对空导弹、岸对舰导弹、舰对地导弹、舰对舰导弹、空对地导弹、空对舰导弹、空对空导弹、潜对地导弹、舰对空导弹、空潜导弹、舰潜导弹、潜潜导弹、潜空导弹等。

从使用的推进剂分，有液体燃料导弹、固体燃料导弹和固体、液体混合燃料导弹。

在导弹的制导或导引的分类上通常有两类，一种根据讯号传送媒体的不同，如有线制导、雷达制导、红外制导、激光制导、电视制导等。另外一种分类根据导弹的导引或制导方式的不同，如惯性导引、乘波导引、主动导引和指挥瞄准地地导弹线导引等。

按飞行弹道可分，主动段按预定弹道飞行导弹、发动机关机后按自由抛物体轨迹飞行导弹、自由抛物体轨迹飞行或机动飞行的弹道导弹、以巡航状态在大气层内飞行的巡航导弹等。

地对空导弹按推进剂的物理状态

可分为：固体推进剂导弹和液体推进剂导弹。也可按弹道式地地导弹及巡航式地地导弹分类。地地导弹一般攻击地面的固定目标，但在近距离内也可用于攻击运动速度低的目标，如反坦克导弹。

拓展阅读

导弹从控制导引方式分，有自主式、寻的式、波束式、指令式、图像匹配式和复合式；导弹从所用的物理量特性分，有无线电、红外、激光、电视、雷达和复合制导等方式。

响尾蛇导弹的研制

响尾蛇导弹是模仿响尾蛇颊窝构造而制成的。响尾蛇的颊窝内有一层仅25微米厚的薄膜，薄膜上分布着神经细胞的神经末梢，像无线电的热敏元件，对温热变化感受的灵敏度非常惊人，它不仅能感受到周围气温0.001度的变化，而且还能判断发出热量

动物体的位置。

科学家们从响尾蛇颊窝的功能得到启示，经过多年的研究，模仿蛇类颊窝的构造制造了响尾蛇导弹。这种导弹对热度极端敏感，有红外线自动跟踪制导系统，发射后能找追踪喷气机尾部喷管及飞机机身辐射的红外线，直至击中目标为止。

响尾蛇导弹采用红外制导后，它的探测距离和灵敏度有很大提高，加装的激光引信提高了炸点精确度，既具有近距离格斗的能力，又能全方向、全高度、全天候作战。但由于响尾蛇导弹只对热度敏感，所以，当追踪的目标突然急转弯时，导弹就会朝着太阳的方向飞去。

1981年8月，美国海军的两架“雄猫”战斗机曾在一分钟内击落利比亚的两架苏-22攻击机，使用的就是“超级响尾蛇”导弹。1982年马岛战争中，英军10架“海鹞”式战斗机发射27枚“超级响尾蛇”导弹，击落了24架阿根廷飞机。西方国家称它是“具有划时代意义的空中杀手”。

“响尾蛇”导弹挂在F-15C战斗机翼下巡航飞行，由驾驶员通过机载火控雷达和攻击电脑操纵导弹的发射与攻击。由载机电源通过发射装置给导弹供电，启动座舱中的制冷开关，在最佳温度范围内给红外探测器连续制冷。进入空战状态时，驾驶员启动导弹发射电路。当识别、显示出目标时，开始跟踪目标，连续跟踪目标后，准备发射导弹。

按预定发射程式进行时，把热电池组的电压加到火箭发动机点火器上点火并接通引信电路。当导弹飞离载机达到安全距离

时，引信解除保险。

“响尾蛇”系列空对空导弹主要装备美国空军和海军，用于截击或空战还向英国、法国、德国等20多个国家和地区出口销售。

拓展阅读

美国海军首先装备了名为“猎鹰”、“毒剂”的具有红外线自动跟踪系统的导弹，用于从海面到50千米以上高空中，搜索和击毁敌方高性能的飞机。苏联的“环礁”、德国的“毒蛇”、以色列的“蜻蜓”等都属于这类导弹。

飞鱼导弹的发明

飞鱼导弹是受飞鱼的启示而发明的一种空舰导弹。在热带海洋里，生活着一种会飞的鱼。当它被金枪鱼等敌害追赶时，会跃出水面8米至10米高，以大约每秒20米的速度滑翔150米至200米的距离，甚至有时贴着海面做长距离的超低空飞行。

现代海战中，由于舰艇装备有众多的观测雷达，导弹飞行过高很容易被敌方发现。为了达到“隐身”的目的，法国模仿飞鱼的飞行，研制了一种超低空飞行的空舰导弹。这种导弹发射后，

掠海面飞行，对方雷达难以发现，如同一条大飞鱼，故取名为“飞鱼”导弹。

“飞鱼”导弹具有体积小、重量轻、精度高、掠海飞行能力强以及“发射后可以不管”的特点。能够全天候作战，主要装备在直升机、海上巡逻机和攻击机上，用以攻击各种类型的水面舰船，也可从陆地、舰上和水下不同地点发射，如法国的“超军旗”、“超美洲豹”、“幻影”、“大西洋”海上巡逻机、“超黄蜂”和“海王”直升机等。

“飞鱼”导弹的制导方式为惯性加主动雷达制导。导弹在自控段采用惯性导航，在自导段采用主动雷达导引头实施末段制导。导弹战斗部为带冲击效应的聚能穿甲爆破型，同时还具有破片杀伤能力，入射角为60度击中目标时，能穿透12毫米厚的钢板在舰舱内部爆炸，破坏有关设备，使人员受到伤害。

战斗部上装有延时触发引信和导引头控制的近炸引信，有机械、惯性和气压三级保险装置，从而可以保证战斗部适时解除保险、准时爆炸，提高了“飞鱼”导弹的性能。

1970年1月设计了第一枚“飞鱼”导弹，1973年6月从“超黄蜂”直升机上进行首次发射试验。

1982年英阿马岛之战中，阿根廷的两架“超级军旗式”飞机在躲过了英国“谢菲尔德号”驱逐舰的雷达观测，在距离目标45千米时投下了两枚“飞鱼”导弹。“飞鱼”导弹按照运载飞机的指挥飞行，在距离目标大约10千米的时候，自动由15米高度降至3米掠海面飞行，并开始由导弹自身的雷达装置导航而接近目标，一举击沉了被称之为“皇家的骄傲”的英国现代化驱逐舰“谢菲

尔德号”和大型运输船“大西洋运输者号”，击伤了“格拉摩根号”驱逐舰。“飞鱼”导弹在大西洋大显威力。

拓展阅读

飞鱼导弹除了从飞机上发射以外，还可以从舰上、陆地上以及潜艇上发射，但都是用来攻击军舰的。我国飞鱼导弹使用固体发动机，体积小、重量轻，能钻进敌舰肚子里爆炸。被称为“玲珑一代”的小型飞航导弹。

会思考的智能导弹

智能导弹是模拟人的大脑机能制造出来的导弹，用以代替人的某些智能去完成战斗任务。它会观察、能思考、能自动寻的。

这种智能导弹如果是对空导弹，它能识别敌我飞机；如果是反坦克导弹，它也能分清敌我；如果是反舰导弹，它不仅能识别敌我舰只，还能分辨出所要攻击的舰只类型，以自动选准对我威胁较大的目标实施攻击。

智能导弹之所以能

分清敌我，自动选准攻击目标，是因为导弹体内安装了仿人脑的人工智能微型电子计算机和图像处理装置。它把从导弹视觉传感器得到的图像，同贮存在数据库中的已知的武器图像进行比较，就能识别出敌我和选定攻击目标。比如反舰导弹，在进行导弹设计时，将敌国已经服役或将要服役的军舰形状及图像，变成电子信号存在计算机里。当导弹发射出去后，面对各型舰艇，弹体内的计算机存储器能把光传感器或视觉传感器看到的舰艇图像检索出来“对号入座”，于是便能明察秋毫，及时正确地找准打击目标。

智能导弹具有像人的眼睛一样能对目标进行探测、跟踪、寻找；具有像人的大脑一样能对数据、图像进行实时处理和思维判

断能力；具有像人的腿一样进行机动、变换姿态、改变方向的能力。

美国正在研制的智能导弹能区分外形和尺寸相同的不同类型的军用卡车、运输车辆与通信车辆，地空导弹发射架与地地导弹发射架。

美国研制的“黄蜂”智能导弹，它采用了“图像理解”的人工智能技术，导弹上的计算机将探测器获得的图像与存储上的数据库中已知武器系统的图像加以比较，就能知道探测到的是何种目标，不仅能区分敌我，而且可以有选择地攻击目标。导弹在飞出后，尽管地形有高低起伏，它会根据雷达寻的器所提供的有关高度的信息，始终与地面保持一定的高度。

“黄蜂”导弹奇妙之处在于它有“自我思维”能力，一

旦飞离飞机，人们就可以放手不管，飞机可以立即撤退，避开战场上的风险。而一群“黄蜂”，会各自分头去寻找自己的敌人。就像一群活的黄蜂飞离蜂巢。

“黄蜂”导弹在目标识别和制导能力方面，可以说是获得了突破性的成就，为导弹的智能化提供了一个样板。

拓展阅读

非智能导弹发射后还需要操作手制导进行远距离指令操作，而智能导弹能克服这一缺点进行自动寻找的。美国空军正在研制一种集束发射的导弹，这种导弹由飞机发射后不需要任何帮助、可以自行搜索、锁定和摧毁敌坦克群。

导弹多弹头的作用

随着远程弹道导弹的出现，专门拦截弹道导弹的反弹道导弹武器也相应发展起来。为了对付这种防御武器，避开反导弹武器的拦截，人们又为战略核导弹装上了威力更大的多弹头。

多弹头就是在一个母弹头，内装一簇小的子弹头，当母弹头飞到一定高度后，就将这一簇子弹头放出，它们便各自奔向预定

的不同目标。使用多弹头比单弹头有如下几个优点。

一是由于弹头多，敌方的反导弹难以同时拦截所有来袭的子弹头，从而提高了突击能力。

二是在威力相同的情况下，如果每个子弹头的落点控制得好，就能使它们有效地杀伤破坏各自的目标，这样，多弹头总的杀伤破坏威力要比单弹头大。

三是弹头多，就可灵活使用，即可集中攻击一个战略目标，也可以同时攻击几个不同的目标和军事设施。

按弹头有无制导装置分，有集束式多弹头、分导式多弹头、全导式多弹头和机动式多弹头。

集束式多弹头是在一个母弹舱内装配若干个子弹，母弹和子弹均无制导能力，

在程序设计的预定高度和速度，母舱内的若干个子弹同时释放。不但能提高攻击的突防效果，提高导弹投送效率，而且可以实现子弹头在目标区内的均匀散布，克服大量单弹头在打击面目标时破坏效果强弱不均的情况。苏联在20世纪60年代中期开始研制，并很快将SS-9导弹改进为集束式多弹头型。美国只对“北极星”潜射弹道导弹进行了试验，并未真正服役。

分导式弹头作为多弹头技术的一种，具有用一枚导弹攻击多个目标的显著特点，使导弹的投送效率大为提高，在相同核导弹

数量的情况下，可大大增加核打击能力，使打击效率大为提高。

分导式多弹头可以根据作战意图不同，在较大区域内选择要打击的独立目标，并可调节打击次序和一定的时间间隔，满足不同的战术需要。

拓展阅读

机动式多弹头脱离母舱后能机动飞行，使对方反导弹系统难以跟踪和拦截，提高了突防能力。装有末制导装置的机动式多弹头，还可各自修正其机动飞行中的误差，较准确地攻击各自的目标，以提高命中精度和毁伤能力。

反坦克导弹的发展

反坦克导弹是指用于击毁坦克和其他装甲目标的导弹。是反坦克导弹武器系统的主要组成部分。目前，反坦克导弹经历了“四代”发展，战术技术性能显著提高，已成为世界各国反坦克武器的主体。

第一代反坦克导弹后面接有长尾巴导线，通过它来控制导弹的飞行。第一代的导弹最具代表的是苏联萨格尔反坦克导弹和法国飞弹。

第二代反坦克导弹采用红外线进行半自动控制。导弹发射后，射手只要把瞄准镜内的十字线对准目标，导弹就会按照设在地面上的仪器发出的命令飞向目标，从而减轻了射手操作的疲劳，也提高了击中目标的准确性。第二代导弹较有名的是美国陶式导弹与法国米兰飞弹。我国自行研制的红箭-8型反坦克导弹就是这种类型的导弹。它采用光学瞄准跟踪，红外半自动制导，有线传输指令。可运用多种发射平台，也可由步兵携带、履带和轮式发射车、直升机等多种方式发射。

872P
24 56

第三代反坦克导弹更先进一些，采用激光进行控制导弹，这就相当于给导弹装上了眼睛，使它能自动追击目标，而用来通电话用的长尾巴退化掉了，成了没有尾巴的反坦克导弹。

用激光控制的反坦克导弹，一般又分为两种。一种是，射手操纵一个激光波束发射器，用它发射的激光波束套住飞行的导弹，并且使激光波束始终对着坦克，这样导弹就会沿着波束飞向坦克。另一种是，射手用激光照射器照射坦克，导弹就可沿着从坦克反射回来的激光波束飞向坦克。美国的标枪导弹、以色列的钉式导弹以及印度的毒蛇导弹都属于这种类型。

还有一种电视制导反坦克导弹，一般是装载在直升机上发射的。这种导弹的前端装有电视摄像管，能把导弹与目标的偏差反映到装在飞机驾驶员面前的荧光屏上，射手可根据在电视里观察

到的情况，发出“命令”，使导弹飞向坦克。去掉尾巴的反坦克导弹虽然先进，但它的造价较高。

第四代反坦克导弹正处于研制中，就是“发射后不用管”或“发射后忘记”的自动制导的新型导弹。

拓展阅读

1973年，第四次中东战争中，埃及军队就配备了第一代的反坦克导弹。法国和联邦德国合作研制的“霍特”导弹，是第二代反坦克导弹中的典型代表。这种导弹的操纵装置，比第一代反坦克导弹多一个红外测角仪和有关设备。

反雷达导弹的特长

雷达被人们誉为飞机、火炮和导弹的“千里眼”，它发射的电磁波遇到飞机或导弹时就能被反射回来，利用这个原理就可以发现和跟踪目标，以便对目标进行攻击。电磁波是雷达克敌制胜的法宝，然而在现代战争中也成了它的一个致命弱点。

现代电子战的软杀伤，就是用杂波和金属箔条等对雷达的电磁波进行干扰和迷惑，使它失灵或变成“瞎子”，而硬杀伤则是用反雷达导弹等火力直接将雷达摧毁，使依赖雷达的飞机、火炮和导弹失去战斗力。

反雷达导弹之所以能反雷达，在于它能巧妙地利用雷达发射的电磁波进行自动追踪，“顺藤摸瓜”，直至将雷达击毁为止。

现代战争中发起攻击的一方，一般都把敌方的雷达作为首要打击目标，也就是首先把作为敌人防空

火力的“眼睛”清除掉，以便为己方飞机突防和空战扫清障碍，而反雷达导弹正是实施这种“挖眼”战术的能手。

反雷达导弹的特长是：作用距离远，可以在敌防空火力之外进行攻击；它本身不辐射电磁波，隐蔽性好，不易被敌方发现；打得准，几乎百发百中；适应能力强，能在各种条件下使用。

反雷达导弹由弹体、战斗部、动力装置、制导装置等组成。战斗部重量一般在200千克以内，常用普通装药，由触发或近炸引信起爆。动力装置一般采用固体火箭发动机。制导方式多采用被动式雷达寻的制导或复合制导。多数反雷达导弹的发射重量为数百千克，射程在100千米以内。它与其他攻击武器配合使用，效果更为明显。

反雷达导弹正向着增强抗干扰能力，提高导引头性能，增大射程、速度、威力和攻击多种电磁辐射源的方向发展。在未来电子对抗中，它将成为对付陆军、海军、空军各种配有雷达的军事目标的主要武器之一。

拓展阅读

美国制造的第一代反雷达导弹叫“百舌鸟”，首次在越南战争中使用，这也是反雷达导弹的首次使用。美国第二代反雷达导弹叫“哈姆”，它是装有记忆装置和控制电脑的导弹，它能在雷达关机不发射电波的情况下攻击目标。

坦克的耳目

小朋友们第一次见到坦克时一定会为它的模样和气势惊叹不已，尤其是作战时门窗都关闭，那么坦克是怎样瞄准目标射击和同外界联系的，特别是坦克里面噪音很大，乘员之间又是如何交谈的呢？其实，这个奥秘的关键就在于坦克有着特殊而机敏的“眼睛”和“耳朵”。

我们先来看看坦克的眼睛。

现代坦克用的是更加先进的潜望镜。它已经具有望远、夜视和测距几种本领。如果你注意的话，就会看到在坦克车体、炮塔上开有许多小窗孔，孔上装有潜望瞄准镜。这些众多的潜望镜就是坦克的火眼金睛，它们既能用来观察、瞄准，也可以用来测距离。其中有的“眼睛”能在白天看清远方的目标，甚至能透过云雾、雨、雪和烟尘进行观察、瞄准；有的像夜猫眼一样，在漆黑的夜晚，照样能捕捉目标。

随着激光技术的出现和发展，出现了激光测距仪。激光测距仪是一种精度高、操作简易、快速的测距仪器，与火控计算机等组合成的火控系统是提高坦克火炮命中率的重要途径。

至于坦克的灵敏“耳朵”，那就是竖在坦克炮塔上的像细长

鞭子的天线、装在车内的无线电台和车内通话器。

天线是坦克与外界联系的触角，通过它发射或接收无线电波。电台用来向上级或友邻通报情况，以及接受上级的指示，它有近百个固定频率，一般可在方圆20千米范围内进行通讯联系。

车内乘员都配有专用通话器。它实际上就是一部电话，其受话的耳机安装在坦克帽上，而送话器则紧紧贴附在乘员的喉头部位，所以叫做喉头送话器。当车长要向各乘员通话时，他就将安装在胸前的开关扳到发话位置，而各乘员的收话器开关总是打开的。此外，坦克车外还有用于步兵和坦克之间联络的通话盒，指挥坦克通常装备两部电台。

现代坦克电台多采用集成电路，带有保密机、抗干扰装置和微处理机控制器，最大通信距离可达35千米。

拓展阅读

会喷火的坦克是由普通坦克改装而成。它是将大炮折去，换上重型喷火器。并将喷火器用的烯料瓶和压力瓶等装在坦克内。坦克上面伸出的像炮管的就是喷火管。俄罗斯曾设计了一款在T-72坦克的底盘加上多管火箭发射器的纵火战车。

坦克的新潮时装

在1982年爆发的黎巴嫩战争中，以色列的坦克由于有一种新时装的保护，被对方击毁仅数十辆，而叙利亚和巴勒斯坦被击毁多达500多辆，此后，坦克这种新时装名声大震，它到底有什么诱人的魔力呢？

其实，这种时装就是用薄钢板制成的普通扁平盒子连成的，

里面装有炸药。在盒子的四角或两端钻有螺孔，以便将它固定在坦克装甲上。盒内装的是钝感炸药，一般不易引起爆炸，但是，当它遇到破甲弹和反坦克导弹时，就会立即引起爆炸，将破甲弹或导弹弹头部产生的金属射流冲散、搅乱，使其不能正常发挥作用，从而保护了坦克装甲不被击穿。因此，人们把它叫做爆炸式装甲或爆炸块装甲，也有称为反应装甲或反作用装甲等。

爆炸块装甲可说是坦克的新式护身法宝，它的重量轻，体积小，制造、安装和维护都很方便，而且价格也较低廉。一辆坦克挂装10平方米大小的爆炸块装甲，重量仅增加一吨至两吨，对坦克的机动性能影响不大。

战场实际使用证明，爆炸块装甲能使破甲弹或反坦克导弹的破甲能力降低50％~90％，而其防护效能相当于同样重量普通装甲的10倍。然而，强中自有强中手。正当爆炸块装甲称王称霸之时，它的克星长鼻子导弹出世了，长鼻子导弹是用鼻子先引爆铁盒子，然后用鼻子后面的导弹头击穿装甲。但是，爆炸块装甲也不示弱。为了对付长鼻子导弹，爆炸块装甲由1层增加至2层，有的甚至多达3层。

爆炸块装甲和长鼻子导弹之间的竞争，促进了坦克装甲和反坦克武器的不断发展。尽管爆炸反应装甲为坦克提供了令人难以置信的防护，但它并非无懈可击，“铁布衫”练得再好也有其“死穴”。

首先，爆炸反应装甲发挥最优效果的条件是倾斜30度左右放置，角度变小防护能力就会随之锐减。难以对付“标枪”等垂直反坦克武器，坦克在起伏路面上行驶时的防护效果不稳定。

其次，爆炸反应装甲不能覆盖坦克的正面范围，对车体侧面

覆盖更少。车臣战争中有不少坦克被匪徒从爆炸反应装甲“缝隙”中射穿。

拓展阅读

挂装爆炸式反应装甲可以确保坦克前部装甲抵抗反坦克火箭筒和无后坐力炮弹、反坦克导弹、125毫米坦克炮发射的高爆破甲弹以及从100米距离外发射的125毫米至120毫米尾翼稳定脱壳穿甲弹。

难以抵挡的喷火坦克

喷火坦克利用喷火器喷出的烈焰高达800度至1100度，可以吞噬敌人的碉堡、堑壕、建筑物和装甲车辆，这种喷火坦克又被人们称为“霹雳火神”。

喷火坦克的烈焰能够以每秒100米的速度喷向目标，10秒至20秒喷发一次，有效距离200米左右，覆盖面相当于两个足球场那么大，所以很难抵挡。

喷火坦克实际上是一种会喷火的特种坦克，只是在坦克上加装了喷火装置，就成了喷火坦克。喷火装置利用压缩空气的压力，将燃油喷出，在炮口处由点火器点燃，喷发出火焰，用于在近距离内喷射火焰，杀伤有生力量和破坏军事技术装备。20世纪20年代，喷火坦克就已装备苏联军队。

喷火坦克可以用于穿越地雷区，摧毁敌人的火力强大的堡垒、沟壕内目标。用于在近距离内喷射火焰，杀伤有生力量和破坏军事技术装备等。进攻时，喷火坦克可用于为部队开辟通路，扫除进攻途中的火力点；防守时，可为前沿防守部队设置火障，对付突击步兵，常能起到“一夫当关，万夫莫开”的作用。

随着军事技术的不断发展，喷火坦克的意义也在不断变化。俄罗斯研制的可发射燃烧式火箭弹的威力巨大的“喷火坦克”，它可是真正的现代武器。这种喷火坦克是将火箭与喷火器结合起来，火箭弹内所装燃料为新的化工制品，遇空气自燃，遇水爆炸，土掩后外露仍能自燃，难以扑救，并在火箭弹上减去点火机构，减小了弹丸质量，实现了火箭动力部分与弹体合二为一，随弹射出，一次性使用，就连自身飞行中所使用的燃料也增强了燃烧、纵火性能。

如果环境需要，这种火焰燃烧式火箭还能充填特殊的“云爆剂”，在爆炸瞬间，可通过弹体内特殊催化剂产生超过普通弹药数十倍的大量高温高压气体，从而使相当于几个足球场范围内的敌武装人员因窒息而失去战斗力，真正做到“杀人不见血”。

这样的喷火坦克齐射30发火箭弹，只需7.5秒的时间即可摧毁

一个小型村落和较大范围的集群目标，它在过去的车臣战争中屡立战功，是对付盘踞在城镇建筑物的叛乱分子的克星。

拓展阅读

有些喷火坦克以喷火器为主要武器；有些以喷火器为辅助武器；有的采用专门的喷火器塔，必要时可卸下喷火器塔，换装上原有的坦克炮塔。坦克喷火装置由喷火器、燃烧剂贮存器、高压气瓶或火药装药、控制器等组成。

两栖坦克的功能

两栖坦克可以在江河、湖泊甚至浅海水面行驶。一般水上行驶每小时10千米以上，并能抗3级至4级风浪。多用于登陆、沿岸警戒，凭借其强大的机动性发挥作用。

这种坦克的车体比普通坦克的车体大，车体外面加装有浮箱，增大了车体自身的浮力，利用特制的履带或螺旋桨在水中划行。

两栖坦克之所以有潜渡能力，是由于它能够密封后进入水中潜行。这时主要由炮塔顶部的气筒供给车内空气，靠岸上指挥台用无线电指挥它在水底行进，出水后，可继续在陆地上行驶。

为了提高水陆两用坦克在水中的浮力，采用了薄型钢板制作外壳，车体设计成又轻又长，前部呈船形。所有拼接部位都焊接起来，防止漏水，使坦克具有良好的密封性，以增加坦克的浮力。

坦克的动力则采用了多种多样的方案。有的坦克采用了特制的履带，犹如水车的水斗，通过履带的旋转，履带片不断把水排向后方，从而推动坦克前进。有的则在坦克的尾部装上螺旋桨推进器，发动机通过传动装置带动螺旋桨转动，坦克就像船一样前进了。还有一些坦克，在尾部装有喷水式推进器，通过向后喷水获得反作用力，推动坦克行驶。用履带划水时，最大速度达每小时6千米至7千米，用螺旋桨或喷水式推进器驱动时，最大速度达每小时12千米。

为了保障水上使用的安全，除自身具有一定的浮力储备外，车内还设有排水装置，一般有机动和电动排水泵，有的还备有手动排水泵。水上前进、倒车和转向等运动靠操纵水上推进装置来实现。另外，在水上航行时，还要竖起防浪板。车上备有撑杆和夜间水上行驶照明灯，以及驾驶员水上使用的高清潜望镜等特殊设备。乘员3人至4人，分别担负指挥、射击、驾驶等任务。

两栖坦克也称为“水陆两用坦克”，意指“无需使用辅助设备及能通过水障碍的坦克”，部分轻型坦克及经改造的中型坦克都有这样的功能。

中型坦克是在自己的发动机上加装根长长的进气管和排气

管，靠自己的履带在水底的土上前进，由于受管子的限制所以不会下到较深的水里。

拓展阅读

PT-76水陆坦克是20世纪70年代苏联海军陆战队使用最广泛的坦克，它具有“水上蛟龙”之称，曾是苏联海军和陆军中最受欢迎的普及型装备。PT-76水陆坦克曾广泛用于各种作战行动，例如阿富汗战争、中东战争。

图书在版编目（CIP）数据

先进武器亮剑 / 尹丽华编著. -- 长春 ：吉林出版集团股份有限公司，2013.10
（图解日新月异的科技 / 赵俊然主编. 第2辑）
ISBN 978-7-5534-3255-7

Ⅰ. ①先… Ⅱ. ①尹… Ⅲ. ①武器－世界－青年读物②武器－世界－少年读物 Ⅳ. ①E92-49

中国版本图书馆CIP数据核字(2013)第226520号

先进武器亮剑　　尹丽华　编著

出版人　齐　郁
责任编辑　朱万军
封面设计　大华文苑（北京）图书有限公司
版式设计　大华文苑（北京）图书有限公司
法律顾问　刘　畅
出　　版　吉林出版集团股份有限公司
发　　行　吉林出版集团青少年书刊发行有限公司
地　　址　长春市福祉大路5788号
邮政编码　130118
电　　话　0431-81629800
传　　真　0431-81629812
印　　刷　三河市嵩川印刷有限公司
版　　次　2013年10月第1版
印　　次　2020年5月第3次印刷
字　　数　118千字
开　　本　710mm×1000mm　1/16
印　　张　10
书　　号　ISBN 978-7-5534-3255-7
定　　价　36.00元